U0743437

怎样看110kV变电站
典型二次回路图

■ 郑新才 蒋 剑 编著

ELECTRIC

中国电力出版社
CHINA ELECTRIC POWER PRESS

内 容 提 要

本书针对 110kV 变电站主要微机型二次设备的二次回路接线，以国内各大微机保护厂商设备为例，结合实际工程图纸讲解二次回路的工作方式，从电路学的角度来看二次回路，遵循"尽量抛开继电保护原理"的思路分析二次回路。

全书共分为 12 章，主要内容包括：110kV 变电站常见二次设备、微机型二次设备的工作方式，电流互感器和电压互感器，变电站的二次电压回路，如何看二次回路图纸，断路器的控制，RCS-941A 的操作箱，110kV 线路二次接线，110kV 主变压器二次接线，备自投装置二次接线，外桥与内桥二次接线的比较，10kV 线路二次接线，10kV 数字化变电站。

本书主要面对电力系统刚参加工作的大中专学生编写，也可供初中级继电保护专业技术人员及其他相关电气技术人员参考使用。

图书在版编目(CIP)数据

怎样看 110kV 变电站典型二次回路图/郑新才，蒋剑编著. —北京：中国电力出版社，2009.10 (2025.9 重印)
　ISBN 978-7-5083-9005-5

Ⅰ. 怎⋯　Ⅱ. ①郑⋯②蒋⋯　Ⅲ. 变电所—二次系统—电路图　Ⅳ. TM645.2

中国版本图书馆 CIP 数据核字(2009)第 101359 号

中国电力出版社出版、发行
(北京市东城区北京站西街 19 号　100005　http://www.cepp.sgcc.com.cn)
北京雁林吉兆印刷有限公司印刷
各地新华书店经售

*

2009 年 10 月第一版　　2025 年 9 月北京第十三次印刷
710 毫米×980 毫米　16 开本　7.5 印张　124 千字
定价 20.00 元

版 权 专 有　侵 权 必 究

本书如有印装质量问题，我社营销中心负责退换

前 言

目前，在针对电力系统职工和电力专业学生的培训教材中，对于二次接线仍然主要以电磁式继电器回路为例讲解。在微机型二次设备已经普遍应用的今天，这种模式在很大程度上已经脱离了电力生产的实际情况，造成了理论与实践的脱节，尤其不利于基层技术人员的培养。

形成这种局面的原因是多方面的。首先，在教学中，继电器回路具有接线简明、原理清晰的优点，便于学生理解，而微机型二次设备采用微型计算机作为核心，许多功能都由芯片运算完成，改进了保护原理的算法和实现方式，对高等数学及计算机等专业知识水平要求较高，不利于讲解和普及；其次，电磁式继电器保护装置的定型化程度很高，各项技术条件在电力系统内得到了高度的认同。微机保护则是由不同厂商根据继电保护的基本原理独立开发的，各套产品之间在配置原则、保护算法等方面存在较大差异，尽管经过一定时间的运行实践，我们总结出了许多的经验，但是仍然很难确定地将某一种产品作为范例进行推广，这也导致了在教学中对微机保护二次接线提及较少。

在微机型二次设备的二次接线方面，由于实际工作情况的不同，各供电公司的相关部门目前采用最多的仍然是师傅带徒弟式的言传身教和班组学习的模式。这种各自为战的模式不利于技术的交流与推广，也不利于电力系统人才的培养。鉴于这种情况，针对110kV变电站主要微机型二次设备的二次回路接线，本书以国内各大微机保护厂商设备为例，结合实际工程图纸讲解二次回路的工作方式，较少涉及继电保护原理，主要针对电力系统刚参加工作的大中专学生编写，力求浅显易懂又不失专业性，使他们能尽快完成理论与实践的结合，投入到工作中去。

二次接线与继电保护作为两个专业虽然有着千丝万缕的联系，但是在教学上必须予以区分。如同笔者编写本书的目的：进行二次接线的学习，或者说尽快的学会看二次图纸，不涉及较深的继电保护原理。针对二次回路分析的书籍有很多，从各个角度对绘图、识图等方面进行了阐述。但是，作为一种入门的学习途径，最为简单的方法是从纯粹电路学的角度来看二次回路。二次回路的本质就是一个电压为 220V 的直流回路，从电路学的角度来看二次回路，也正符合了"尽量抛开继电保护原理学习二次回路"的思路。

二次回路注重的是动作逻辑，采用简单明了的文字准确地描述动作逻辑是不现实的，所以本书某些段落的叙述有些像绕口令，重复多变，希望读者能够理解。

全书由张道乾主审，张道乾对本书初稿作了仔细审阅，并提出了许多宝贵意见和建议，在此表示衷心地感谢。在本书编写过程中，得到了专家们多次审改才最终定稿，在本书即将出版之时，谨对所有参与和支持本书编写、出版的专家、同行们表示衷心地感谢！

编 者

2009 年 5 月

目 录

第 1 章

110kV 变电站常见二次设备

随着主网电压等级的升高，110kV 变电站的重要性较之从前下降了很多。对于一般规模的市区 110kV 变电站，多使用 110/10kV 两绕组变压器，无 35kV 电压等级。110kV 配电装置采用 GIS 或 PASS，配置 SF_6 绝缘弹簧机构断路器，一次主接线形式多为桥型接线，部分重要变电站为单母线分段接线；10kV 配电装置采用中置柜，配置真空绝缘弹簧机构断路器，一次主接线形式为单母线分段接线。

以 110kV 侧一次主接线为内桥的 110/10kV 变电站为例，其站内主要二次设备包括：110kV 主变压器保护测控屏（主变压器保护、测控、操作箱）、综合测控屏（公共测控、110kV 电压重动/并列）、110kV 备自投屏（备自投、内桥充电保护）、远动屏、电能表屏（主变压器高低压侧计量、内桥计量）、10kV 线路保护测控装置（安装在开关柜上，类似的还有电容器保护装置、接地变保护装置、10kV 电压重动/并列装置）。

对于 110kV 侧一次主接线为外桥的 110/10kV 变电站，其二次设备与内桥变电站相比，增加了 110kV 线路保护测控屏（线路保护、测控、操作箱），减去了 110kV 备自投屏。

在 110kV 侧一次主接线为内桥的变电站中，110kV 电压等级有穿越功率时（这种情况较少），变电站也会配置 110kV 线路保护测控屏（线路保护、测控、操作箱）。

第 2 章

微机型二次设备的工作方式

一般来说，将变电站内所有的微机型二次设备统称为"微机保护"，实际上这个叫法是很不确切的。从功能上讲，可以将变电站自动化系统中的微机型二次设备分为微机保护、微机测控、操作箱（目前一般与微机保护整合为一台装置，以往多为独立装置）、自动装置、远动设备等。按照这种分类方法，对二次回路的分析可以更加详细，易于理解。在本书中，对微机型二次设备将一直沿用这种分类方法。现简单介绍各类二次设备的主要功能如下。

微机保护采集电流量、电压量及相关状态量数据，按照不同的算法实现对不同电力设备的保护功能，根据计算结果对目前状况做出判断并发出针对断路器的相应操作指令。

微机测控的主要功能是测量及控制，可以采集电流量、电压量和状态量并能发出针对断路器及其他电动机构的操作指令，取代的是常规变电站中的测量仪表（电流表、电压表、功率表）、就地及远动信号系统和控制回路。

操作箱用于执行各种针对断路器的操作指令，这类指令分为合闸、分闸、闭锁三种，可能来自多个方面，例如本间隔微机保护、微机测控、强电手操装置、外部微机保护、自动装置、本间隔断路器机构等。

自动装置与微机保护的区别在于，自动装置虽然也采集电流、电压量，但只进行简单的数值比较以做"有"、"无"的判断，然后按照相对简单的固定逻辑动作发出针对断路器的相应操作指令。这个工作过程相对于微机保护而言是非常简单的。

2.1 微机保护与微机测控的工作方式

微机保护是根据所需功能配置的。也就是说，不同的电力设备配置的微机保护是不同的，但各种微机保护的工作方式是类似的。一般可概括为开入与开出两个过程。事实上，整个变电站自动化系统的所有二次设备几乎都是以这两种模式工作的，只是开入与开出的信息类别不同而已。

微机测控与微机保护的配置原则完全不同，它是对应于断路器配置的，所以，几乎所有的微机测控的功能都是一样的，区别仅在于其容量的大小而已。如上所述，微机测控的工作方式也可以概括为开入与开出两个过程。

2.1.1 开入

微机保护和微机测控的开入量都分为两种：模拟量和数字量。

2.1.1.1 模拟量的开入

微机保护需要采集电流和电压两种模拟量进行运算，以判断其保护对象是否发生故障。变电站配电装置中的大电流和高电压必须分别经电流互感器和电压互感器变换成小电流、低电压，才能供微机型二次设备使用。

微机测控开入的模拟量除了电流、电压外，有时还包括温度量（主变压器测温）、直流量（直流电压测量）等。微机测控开入模拟量的目的是获得数值，同时进行简单的计算以获得功率等其他电气量数值。

2.1.1.2 数字量的开入

数字量也称为开关量，它是由各种设备的辅助触点通过开/闭转换提供的，只有两种状态。对于110kV及以下电压等级的微机保护而言，微机保护对外部数字量的采集一般只有闭锁条件一种，这个回路一般是电压为直流24V的弱电回路。对于220kV电压等级变电设备的微机保护，由于配置了双套保护装置，两套保护装置之间的联系较为复杂。

微机测控对数字量的采集主要包括断路器机构信号、隔离开关及接地开关状态信号等。这类信号的触发装置（即辅助开关）一般在距离主控室较远的地方，为了减少电信号在传输过程中的损失，通常采用电压为直流220V的强电回路进行传输。同时，为了避免强电系统对弱电系统的干扰，在进入微机测控单元前，需要使用光耦单元对强电信号进行隔离、转换而变成弱电信号。

2.1.2 开出

对微机保护而言，开出指的是微机保护对自身采集的信息加以运算后对被保护设备目前状况作出的判断以及针对此状况作出的反应，主要包括操作指令、信号输出等反馈行为。反馈行为是指微机保护的动作永远都是被动的，即受设备故障状态激发而按照预先设定好的程序自动执行的。

对微机测控而言，开出指的是对断路器及各类电动机构（隔离开关、接地开关）发出的操作指令。与微机保护不同的是，微机测控本身不会产生信号，而且其开出的操作指令也是手动行为，即人为发出的。

2.1.2.1 操作指令

一般来讲，微机保护只针对断路器发出操作指令。对线路保护而言，这类指令只有两种，跳闸或者重合闸；对主变压器保护、母线差动保护而言，这类指令只有一种，跳闸。

在某些情况下，微机保护也会对一些电动设备发出指令，如"主变压器过负荷启动风机"会对主变风冷控制箱内的风机控制回路发出启动命令；对其他微机保护或自动装置发出指令，如"母线差动保护动作闭锁线路保护重合闸"、"主变压器保护动作闭锁内桥备自投"等。微机保护发出的操作指令属于自动范畴。

微机测控发出的操作指令可以针对断路器和各类电动机构，这类指令也只有两种，对应断路器的跳闸、合闸或者对应电动机构的分、合。微机测控发出的操作指令属于手动范畴，也就是说，微机测控发出的操作指令必然是人为作业的结果。

2.1.2.2 信号输出

微机保护输出的信号只有两种，保护动作和重合闸动作。线路保护同时具备这两种信号，主变压器保护只输出保护动作一种信号。至于"装置断电"之类的信号属于装置自身故障，严格意义上讲不属于保护范畴。

微机测控不产生信号，但微机测控输出信号，它会将自己采集的开关量信号进行模式转换后通过网络传输给监控系统，起到单纯的转接作用。这里所说的不产生信号，是相对于微机保护的信号产生原理而言的。

2.2　微机操作箱的工作方式

微机操作箱内安装的是针对断路器的操作回路，用于执行微机保护、微机测控对断路器发出的操作指令。操作箱的配置原则与微机测控是一致的，即对应于断路器，一台断路器配置且仅配置一台操作箱。一般来说，在同一电压等级中，所有类型的微机保护配套的操作箱都是一样的。在110kV及以下电压等级的二次设备中，由于断路器的操作回路相对简单，目前已不再设置独立的操作箱，而是将操作回路与微机保护整合在一台装置中。需要明确的是，尽管安装在一台装置中且有一定的电气联系，操作回路与微机保护回路在功能上仍然是完全独立的。

2.3　自动装置的工作方式

变电站内最常见的自动装置是备自投装置和低频减载装置。自动装置的功能是为了维护整个变电站的运行，而不是像微机保护一样仅针对某一个带电间隔。例如备自投装置是为了防止全站失压而在变电站失去工作电源后自动接入备用电源，低频减载是为了防止因负荷大于电厂功率造成频率下降而导致的电网崩溃，按照事先设定的顺序自动切除某些负荷。自动装置的具体工作过程将在相关章节中专门介绍。

2.4　微机保护、测控与操作箱的联系

对于一个含断路器的设备间隔，其二次设备系统均由三个独立部分组成：微机保护、微机测控、操作箱。这个系统的工作方式有三种，如下所述。

（1）在后台机上使用监控软件对断路器进行操作时，操作指令通过**网络**触发微机测控里的控制回路，控制回路发出的对应指令通过**控制电缆**到达微机保护里的操作箱，操作箱对这些指令进行处理后通过**控制电缆**发送到断路器机构箱内的控制回路，最终完成操作。动作流程为：微机测控—操作箱—断路器。

（2）在微机测控屏上使用操作把手对断路器进行操作时，操作把手的控制接点与微机测控里的控制回路是并联的关系，操作把手发出的操作指令通过**控制电缆**到达微机保护里的操作箱，操作箱对这些指令进行处理后通过**控制电缆**发送到断路器机构箱内的控制回路，最终完成操作。使用操作把手操作也称为强电手操，它的作用是防止监控系统发生故障（如后台机死机）时无法操作断路器。所谓强电，是指断路器操作的启动回路在直流 220V 电压下完成，而使用后台机操作时，启动回路在后台机的弱电回路中。动作流程为：操作把手—操作箱—断路器。

（3）微机保护在保护对象发生故障时，根据相应电气量计算的结果做出判断并发出相应的操作指令。操作指令通过**装置内部接线**到达操作箱，操作箱对这些指令进行处理后通过**控制电缆**发送到断路器机构箱内的控制回路，最终完成操作。动作流程为：微机保护—操作箱—断路器。

微机测控与操作把手的动作都是需要人为操作的，属于手动操作；微机保护的动作是自动进行的，属于自动操作。操作类型的区别对于某些自动装置、联锁回路的动作逻辑是重要的判断条件，将在相关的章节再做专门介绍。

2.4.1　110kV 电压等级二次设备的分布模式

针对 110kV 电压等级设备，目前国内各大厂商已将微机保护与操作箱整合为一台装置，即操作箱不再以独立装置的形式配置。以 110kV 线路为例，

各大厂商二次设备配置如表 2-1 所示。

表 2-1   110kV 线路二次设备配置表

公司名称	微机测控	微机保护	操作箱
原许继四方	CSI200E	CSL163B	ZSZ-11S
许继电气	FCK-801	WXH-811	
南瑞继保	RCS-9607	RCS-941A	

从组屏方案上来看，微机保护和信号复归按钮安装在 110kV 线路保护屏上，微机测控、操作把手及切换把手安装在 110kV 线路测控屏上。

2.4.2   35/10kV 电压等级二次设备的分布模式

针对 35/10kV 电压等级设备，各大厂商均已将其二次设备系统整合为一台装置，推荐就地安装模式（即一次设备为开关柜时，二次设备全部安装在开关柜上）以节省控制电缆。例如，对于 10kV 线路，许继电气股份有限公司（简称为许继电气）配置的设备型号是 WXH-821，南京南瑞继保电气有限公司（简称为南瑞继保）配置的设备型号是 RCS-9611，它们都是保护、测控和操作箱一体化的装置。一般来讲，35kV 线路与 10kV 线路使用的二次设备型号是相同的，这是因为其继电保护配置相同。

第 3 章

电流互感器和电压互感器

关于电流互感器和电压互感器的具体工作原理，限于篇幅就不再详细介绍了。本章主要以常见的几个问题为例对这两种设备的选择进行一下简单地介绍。

3.1 电流互感器的选择

电流互感器（TA）的作用是将一次设备中的大电流转换成供二次设备使用的小电流，其工作原理相当于一个阻抗很小的变压器。电流互感器一次绕组与主电路串联，二次绕组接负荷。

3.1.1 5A 还是 1A

电流互感器的变比一般为 X : 5A。它的含义是：首先，X 不小于该设备可能出现的最大长期负荷电流，如此即可保证一般情况下 TA 二次侧电流不大于 5A；其次，被保护设备发生短路故障时，在短路电流不使 TA 饱和的情况下，TA 二次侧电流依然可以按照此变比从一次电流进行折算。

在超高压电厂和变电站中，一次配电装置距离控制室较远，为了增加电流互感器的二次允许负荷，减小连接电缆的导线截面及提高精确等级，多选用二次侧额定电流为 1A 的电流互感器。相应的，微机型二次设备也应选用额定交流电流为 1A 的产品。

根据目前新建 110kV 变电站的规模及布局，绝大多数都是选用二次侧额定电流为 5A 的电流互感器。

3.1.2 10P10、0.5 还是 0.2

在变电站中，电流互感器用于三种回路：保护回路、测量回路和计量回路，而这三种回路对电流互感器的准确级要求是不同的。最常见的三种准确级就是我们上面所列的用于保护回路的 10P10 级、用于测量回路的 0.5 级和用于计量回路的 0.2 级。简单地讲，测量、计量级二次绕组着重于精度，即误差要小；保护级二次绕组着重于抗饱和能力，即在发生短路故障时，短路电流超过一次额定电流许多倍的情况下，电流互感器一次侧电流与二次侧电流的比值仍在一定允许误差范围内接近理论变比。

对于 0.5、0.2 级二次绕组而言，0.5 或 0.2 就是其比值误差，计算公式为

$$(I_A - I_B)/I_B$$

式中：I_A 为二次侧实测电流；I_B 为根据一次侧实测电流和理论变比折算出的理论二次电流。

比值差的最小值分别为 ±0.5％和 ±0.2％。需要注意的是，此类电流互感器不保证在短路条件下满足此比值差。

对于保护级（P）的电流互感器而言，准确级分为 5P 和 10P 两种，其额定一次电流下的比值误差是固定的，分别为 ±1％和 ±3％，复合误差分别为 5％和 10％。5P20 级的电流互感器的含义可以简单理解为：电流互感器一次电流为 20 倍额定电流时，其二次电流误差为 5％。一般来说，10P 级二次绕组已经能够满足 110kV 变电站内设备的继电保护需要，至于是 10 倍还是 20 倍过流，需要根据实际的潮流及短路电流计算而确定。

3.1.3　星形还是三角形

电流互感器二次绕组的接线方式常用的有三种：完全星形接线、不完全星形接线和三角形接线，其接线形式及电流方向如图 3-1 所示。

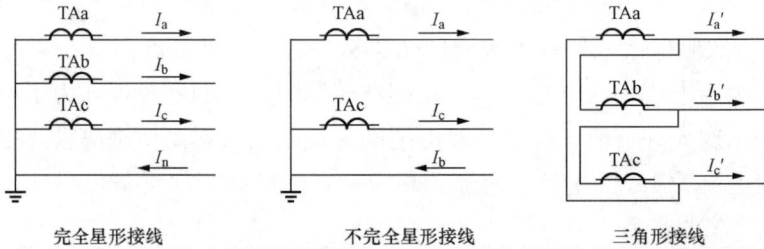

图 3-1　电流互感器二次绕组接线类别图

完全星形接线：三相均配置电流互感器，可以反映单相接地故障、相间短路及三相短路故障。目前，110kV 线路及变压器、10kV 电容器等设备配置的电流互感器均采用此接线方式。

不完全星形接线：仅在 A、C 两相配置电流互感器，反映相间短路及 A、C 相接地故障。目前，10kV 架空线路在不考虑小电流接地选线功能（以下简称选线）的情况下多采用此接线方式，以节省一组电流互感器；否则，必须在三相均配置电流互感器，以获得零序电流实现选线功能。10kV 线路采用电缆

怎样看 110kV 变电站典型二次回路图

出线方式时，由于配置了专用的零序电流互感器实现选线功能，电流互感器均按不完全星形接线方式配置。

三角形接线：三相均配置电流互感器。在电磁式继电器保护时代，这种接线用于 Yd11 接线的变压器的差动保护的高压侧（即星形侧），使变压器星形侧二次电流相位超前一次电流 30°，从而和变压器低压侧（电流互感器接成完全星形，二次电流与一次电流相位相同）二次电流相位相同。目前，微机型主变差动保护装置本身可以实现因主变压器接线组别造成的相位角差的校正，所以主变压器星形侧和三角形侧电流互感器均采用完全星形接线。电流互感器的三角形接线方式在变电站中已经不再使用。

3.1.4 A、C 还是 A、B、C

110kV 变电站主要设备的电流互感器配置情况如图 3-2 所示。

在图 3-2 中，针对不同设备保护、测控的需要，电流互感器的配置方式也是不同的。

（1）变压器保护和电容器保护属于元件保护，必须在三相都配置电流互

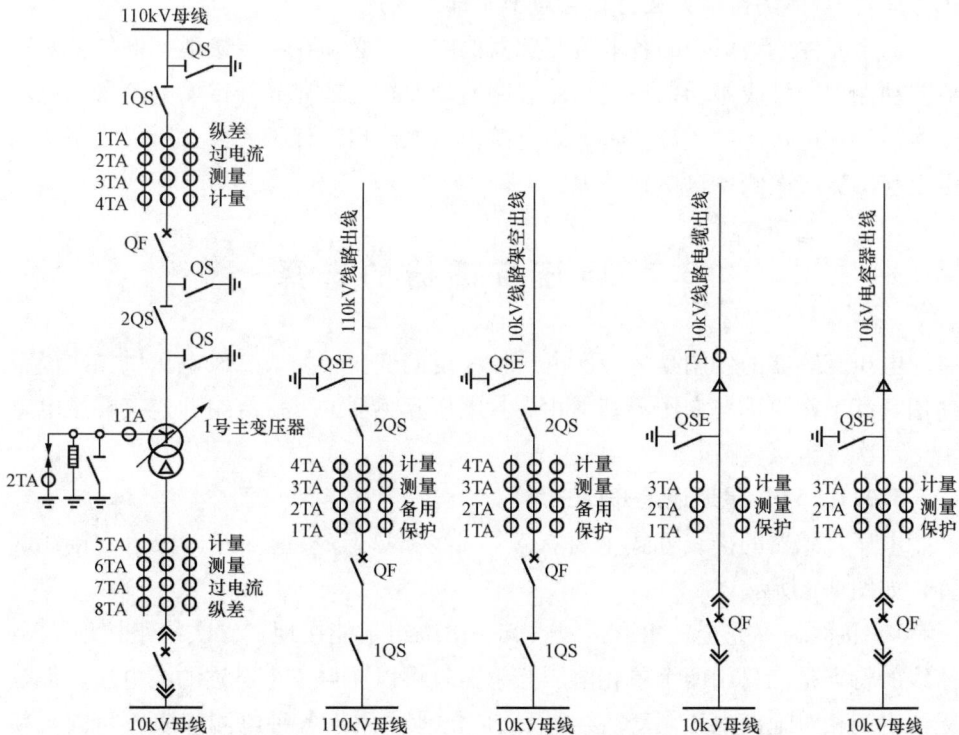

图 3-2　电力设备电流互感器配置图

感器。

（2）110kV 线路属于大电流接地系统，配置有零序电流保护，而且发生单相接地故障时保护应动作跳闸，所以必须在三相都配置电流互感器。

（3）10kV 线路属于小电流接地系统，发生单相接地故障后允许继续运行一段时间，为节省一组电流互感器，往往只在 A、C 两相配置电流互感器。同时，这种配置方式在同一母线上同时发生两条线路单相接地故障时，有 2/3 的机会只切断一条线路。由于两相 TA 无法计算出零序电流，所以在电缆出线中配置了专用的零序电流互感器，用于测量零序电流供选线装置使用。35kV 线路的电流互感器配置原则与 10kV 线路类似。

3.1.5　接地还是不接地

电流互感器的二次侧不允许开路，而且在星形接线中，电流互感器二次侧中性点必须接地，只是在不同情况下的接地点不同。在 110kV 变电站中，只有主变压器高、低压侧用于差动保护的电流互感器二次绕组是在主变压器保护屏一点接地，其他均是在电流互感器现场接地（按不配置 110kV 母线差动保护考虑）。具体的接地方法将在各章节里详细讲述。

用于元件差动保护的各电流互感器的二次侧必须在一点接地，例如主变压器差动保护、母线差动保护。高压线路差动保护是依靠光纤传输电流量（经过变换以后）进行比对实现的，不是直接由差电流启动保护元件，所以线路两端电流互感器二次侧各自单独接地。

3.2　电压互感器的选择

电压互感器的作用是将一次电压按一定的变比转换成二次电压供二次设备使用，其工作原理与变压器基本相同。电压互感器的一次绕组并连接在主电路上，二次绕组接负荷。

3.2.1　Vv、星形还是开口三角

电压互感器的接线方式主要有 Vv 接线和星形/星形（开口三角）接线两种，如图 3-3 所示。

Vv 接线为不完全三角形接线，其一次绕组不能接地，二次绕组接地。Vv 接线的特点是：只用两个单相电压互感器就可以获得三个对称的线电压，但是无法得到相对地的电压。Vv 接线以前广泛地应用于各种电测仪表。目前，新建 110kV 变电站已经不再使用这种接线方式。

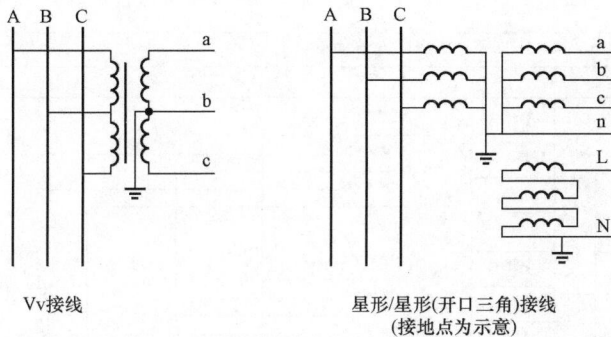

Vv接线　　　　　　　星形/星形(开口三角)接线
　　　　　　　　　　　　　(接地点为示意)

图 3-3　电压互感器接线类别图

星形/星形（开口三角）接线是目前广泛采用的接线方式，其一次绕组和二次绕组均接地。在这种接线方式中，从星形二次绕组可以获得相对地的电压、线电压和相对中性点电压，从开口三角绕组获得零序电压。在电压互感器二次侧，每相均配置三个线圈，取每相的 0.5 级二次线圈接成星形接线，用于提供测量及保护电压；取每相的 0.2 级二次线圈接成星形接线，用于提供计量电压；取每相的 3P 级二次线圈接成开口三角接线，用于提供零序保护电压。在以后各章节中论及电压互感器时，均指此种接线方式。

3.2.2　开关场还是主控室

图 3-3 中所示的接地方式仅仅是一种示意，实际上，电压互感器一次绕组和二次绕组的接地点是分开的。电压互感器的实际接线原理如图 3-4 所示，用于继电保护和测量的二次绕组接成星形接线，用于监测零序电压的二次绕组接成开口三角接线，用于计量的二次绕组接成星形接线，黑加粗部分为主控室接地点。

在图 3-4 中可以看出，电压互感器的一次绕组在开关场接地，所有的二次绕组在控制室一点接地（一般是在电压重动/并列装置上汇集成一点，然后接地）。需要注意的是，三个二次绕组的接地线 N600 是通过三根独立的电缆汇合到主控室接地点的。保护电压和计量电压的相线在进入电压重动/并列装置之前，还必须经过开关电器（空气开关或熔断器），而零序电压的相线和所有的地线则不经过开关电器。

3.2.3　重动还是并列

重动：电压互感器的二次电压在进入二次设备之前必须经过重动装置。所谓重动，就是使用一定的控制电路使电压互感器二次绕组的电压状态（有/无）

室外配电装置			主控室
一次绕组	二次绕组		接地

图中标注：

	保护A	TVa	A601 / N600
A	开口三角	TVa′	a601 / N600
	计量A	TVa″	A601′ / N600
	保护B	TVb	B601 / N600
B	开口三角	TVb′	b601
	计量B	TVb″	B601′ / N600
	计量C	TVc	C601 / N601
C	开口三角	TVc′	L601′
	计量C	TVc″	W601′ / N600 / N600

N600

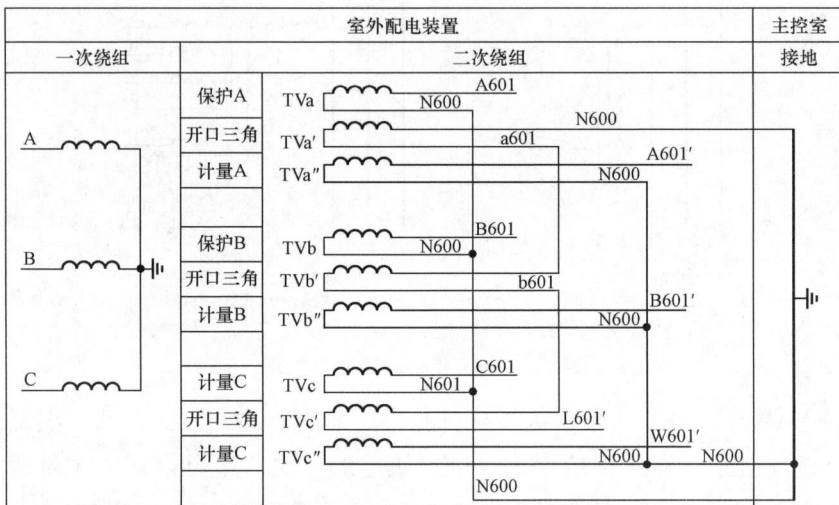

图 3-4 电压互感器二次接线展开图

和电压互感器的运行状态（投入/退出）保持对应关系，避免在电压互感器退出运行时，其二次绕组向一次绕组反馈电压，导致造成人身或设备事故。这一点将在本书 4.2 中详细解释。

并列：当变电站一次主接线为桥形接线、单母线分段接线等含有分段断路器的接线方式时，两段母线的电压互感器二次电压还应经过并列装置，以使某间隔的二次设备在本段母线电压互感器退出运行而分段断路器投入的情况下，可以从另一段母线的电压互感器二次绕组获得电压。

目前，大多数厂家都将电压重动和并列两种功能整合为一台装置。如许继电气的 ZYQ-824、南瑞继保的 RCS-9663D 等，习惯性上称为电压并列装置。

第 4 章

变电站的二次电压回路

电压重动、电压并列、电压切换是实践中最经常提到的跟电压有关的三个概念，那么它们之间有什么区别呢？

简单地讲，在 3.2.3 中提到的重动、并列是针对电压互感器的二次回路而言的，这两个概念适用于某个电压等级母线上的所有电压互感器的配合。"电压切换"这个概念则应用于某一具体间隔，它指的是一个一次主接线形式为双母线的电气设备依靠隔离开关在两条母线之间变换连接位置时，其二次设备如何对应的变换二次电压的来源，即如何在两条母线上的两组电压互感器重动后的二次电压输出端上进行切换。

4.1　电压重动与并列

以图 4-1 中所示的主接线及许继电气 ZYQ-824 装置为例来说明电压重动、并列的基本原理。

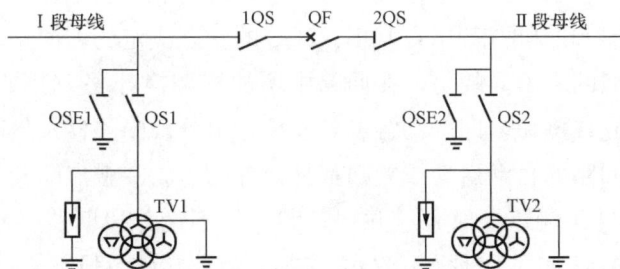

图 4-1　单母线分段接线电压互感器配置图

图 4-1 所示主接线为单母线分段，两段母线依靠分段断路器 QF 和隔离开关 1QS、2QS 联络或断开，每段母线上均有一组电压互感器（TV1 或 TV2）通过隔离开关（QS1 或 QS2）与母线相连。在图 4-1 中，这些符号代表的是高压配电装置，在图 4-2 中，它们代表的是各自的辅助触点。

图 4-2 所示为 ZYQ-824 重动和并列功能的启动回路。图 4-2 中，端子

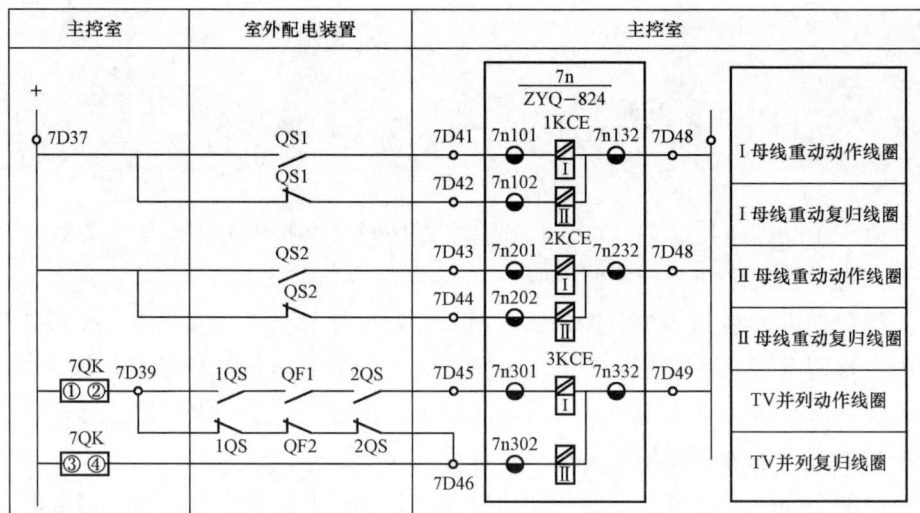

图 4-2 ZYQ-824 重动/并列启动回路

7D37 外接正电源，7D48 外接负电源，各隔离开关辅助触点的状态（开/闭）决定了对应回路的状态（通/断），实质上起到了"开关"的作用。从图 4-2 中可以看出，Ⅰ母线电压重动的条件是 QS1 动合触点闭合，即Ⅰ母电压互感器处于运行状态；复归条件是 QS1 动断触点闭合，即Ⅰ母线电压互感器退出运行。Ⅱ母线电压重动回路与Ⅰ母线类似。Ⅰ母线与Ⅱ母线电压并列的启动回路是由分段断路器 QF 和隔离开关 1QS、2QS 的状态决定的，回路动作原理与重动回路也是相似的，不同的是，在回路中增加了切换开关 7QK。7QK 的①②触点导通表示允许操作，即①②触点导通后，由分段断路器及隔离开关状态变化造成的并列回路的自动启动或复归都是允许的，①②触点断开后，此功能被禁止；7QK 的③④触点导通表示并列复归，即不论分段断路器和隔离开关的状态如何，都可以通过手动操作 7QK 使③④触点导通而强制解除电压并列。

从另外一个角度分析图 4-2。在电压互感器 TV1 运行时，即隔离开关 QS1 闭合后，Ⅰ母重动动作线圈 1KCE 带电；在电压互感器 TV1 退出运行时，即隔离开关 QS1 断开后，"Ⅰ母重动动作线圈" 1KCE 失电。2KCE 动作原理与 1KCE 类似。在两段母线并列运行时，即断路器 QF 与隔离开关 1QS、2QS 闭合后，TV 并列动作线圈 3KCE 带电，此时，一般只有一组电压互感器在运行状态，另外一台退出运行。总之，在两段母线都投入运行的情况下，1KCE、2KCE、3KCE 存在三种组合形式，如表 4-1 所示。

表 4-1 电压重动/并列回路元件状态对应表

继电器线圈状态	含　义
1KCE 带电、2KCE 带电、3KCE 失电	两段母线分列运行，TV1、TV2 均投入运行
3KCE 带电、1KCE 带电、2KCE 失电	两段母线并列运行，TV1 投入运行，TV2 退出运行
3KCE 带电、2KCE 带电、1KCE 失电	两段母线并列运行，TV2 投入运行，TV1 退出运行

图 4-3 所示为 ZYQ-824 的重动/并列回路接线。

TV1 投入运行后，Ⅰ段母线电压（黑加粗部分）经Ⅰ段电压互感器 TV1 变换输出后，经空气开关 1Q、2Q 后由控制电缆接入 ZYQ-824 的重动继电器 1KCE 的动合触点。由于 TV1 投入，隔离开关 1G 闭合从而使 1KCE 带电，1KCE 动合触点闭合，TV1 二次电压即可经 1KCE 动合触点输出而完成电压重动，可接入电压小母线输出给相关二次设备。也就是说，所有在一次主接线上连接于Ⅰ段母线的电气间隔的二次设备的保护、测控电压取得点均为输出端 11，计量电压取得点为输出端 12。TV2 投入运行后的情况与 TV1 类似。

由以上分析可知，虽然平时重动、并列这两个词经常连在一起，但实际上，电压在进入二次设备前必须经过重动，未必经过并列。那么并列到底是如何起作用的呢？

以两段母线并列运行、TV1 投入运行、TV2 退出运行为例分析电压并列的动作原理。在此前提下，如果没有电压并列回路，则一切从输出端 21、输出端 22 取电压的二次设备都会失去电压。事实上，由于分段断路器 QF 和隔离开关 1QS、2QS 的闭合，使 3KCE 带电，3KCE 动合触点闭合后会将输出端 11 与输出端 21 导通，输出端 12 与输出端 22 导通，从而使连接于Ⅱ段母线上的电气设备的二次设备能够取得二次电压。当然，这个二次电压实际是由 TV1 提供的，也就是说，此时从编号为 640 的Ⅱ段电压小母线取得的电压其实是编号为 603 的Ⅰ段电压互感器二次电压经过重动、并列回路送来的。不过，这在逻辑上并没有混乱，因为分段断路器和隔离开关合闸后，一次主接线实际上就从单母线分段变成了单母线，任何一组电压互感器提供的二次电压供给原来任何一段母线上的电气间隔的二次设备都没有问题。另外需要提到一点，之所以要用 QF、1QS、2QS 的动合触点串联来启动 3KCE，是因为这样才能保证两段母线在并列运行，单独的 QF 动合触点只能表示分段断路器在合位。

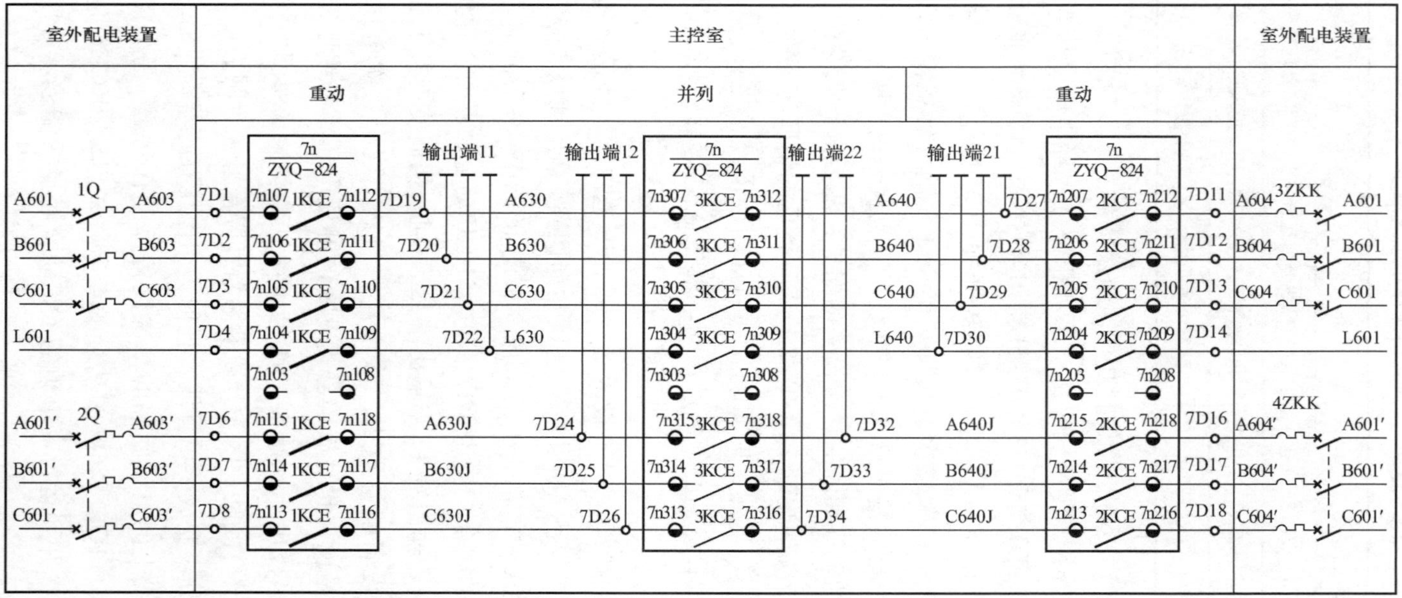

图 4-3 ZYQ-824 电压重动/并列接线展开回路

输出端 11— I 段保护（测量）电压输出；输出端 12— I 段计量电压输出；
输出端 21— II 段保护（测量）电压输出；输出端 22— II 段计量电压输出

通过以上的分析，可以清楚地发现：电压重动/并列回路的二次接线与一次设备主接线的变化是完全一致的。

4.2 电压重动的意义

在实践中经常涉及的一个问题是电压重动对设备及人身伤害的预防作用，下面分析一下电压重动是如何工作的。

以图 4-3 为例，若Ⅰ段母线电压无重动回路（即 1KCE 接点等同于导线），将 TV1 的二次侧电压（编号为 603）直接接至输出端 11 上，Ⅱ段母线电压有重动回路。在两段母线并列运行且 TV1 退出运行的情况下，并列回路动作后，TV2 的二次电压被 3KCE 的动合触点引至输出端 11，进而进入 TV1 的二次绕组，在 TV1 的一次绕组感应出高电压，使已经退出运行的电压互感器带电。而在有重动回路的情况下，1KCE 的动合触点随着 TV1 的退出运行被打开了，TV2 的二次电压就无法到达 TV1 的二次绕组。

一次主接线为双母线时的情况与单母线分段是一样的。从母线的角度来讲，单母线分段与双母线没有任何区别，不同之处只是连接于母线的电气设备的接线方式。

4.3 电 压 切 换

以图 4-4 中所示主接线及南瑞继保公司生产的 RCS-941A 的电压切换回路为例来说明电压切换的基本原理。

图 4-4 是典型的双母线接线形式，电气设备 A（可能是线路或变压器）通

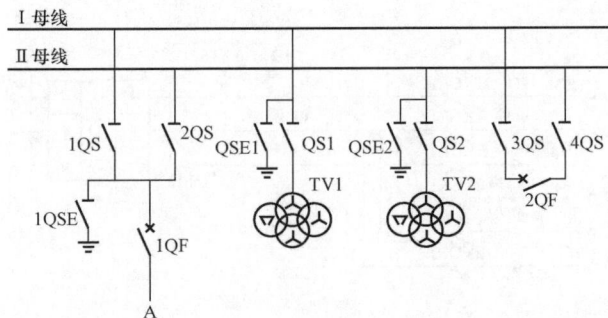

图 4-4 双母线接线的电压互感器配置图

过断路器 1QF，隔离开关 1QS 或者 2QS 连接到Ⅰ母线或Ⅱ母线上。Ⅰ母线上接有电压互感器 TV1，Ⅱ母线上接有电压互感器 TV2。在母线联络断路器 2QF 和隔离开关 3QS、4QS 闭合的情况下，显然，通过在隔离开关 1QS 或 2QS 之间切换，可以使 A 分别接至Ⅰ母线或Ⅱ母线。理想的情况是，在 A 接至Ⅰ母线时，A 的二次设备从 TV1 取得电压；A 接至Ⅱ母线时，A 的二次设备从 TV2 取得电压。

电压重动和并列的情况与 4.1 中所述是一样的，即参照图 4-3。那么，要做的就是如何使微机保护所需电压（以保护电压为例）的取得点在输出端 11 和输出端 21 之间随着 1QS 和 2QS 的状态变化而自动切换。

图 4-5 所示为电压切换回路的启动回路及接线展开回路。启动回路图中，

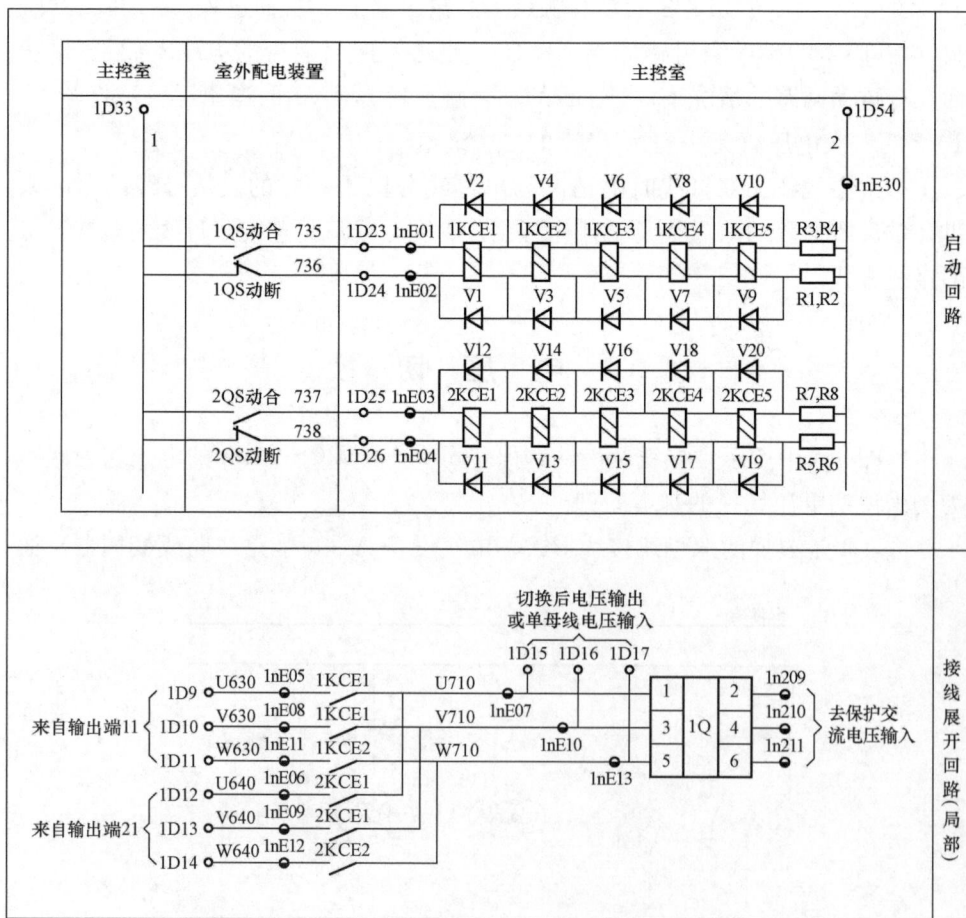

图 4-5 RCS-941A 电压切换回路图

当 A 通过断路器 1QF、隔离开关 1QS 连接至 I 母线时，1QS 动合触点闭合，继电器 1KCE ＊ 带电；在接线展开回路中，1KCE 动合触点闭合，将输出端 11 的电压接进微机保护。

当需要将 A 改接至 II 母线时，先将 2QS 合上，此时继电器 2KCE ＊ 被启动，其动合触点闭合，将输出端 21 的电压接进二次设备；随后断开 1QS，1QS 的动断触点闭合，使 1KCE ＊ 复归，其动合触点断开，输出端 11 的电压与微机保护断开。在这一动作中，必须注意的一点是，进行上述操作前必须保证图 4-4 中母线联络断路器 2QF 及隔离开关 3QS、4QS 都在合位，即 I 母线、II 母线已经处于并列运行状态，即 TV1、TV2 的二次电压已经并列。因为在 2QS 闭合后，存在一个 1QS、2QS 同时闭合的时间段（此时报"切换继电器同时动作"信号），输出端 11 和输出端 21 的电压会在图 4-5 中深灰色点位置短接在一起，如果此时两条母线未并列运行，就会出现在此处强行将两条母线的二次电压并列的情况，这是绝对不允许的。当然，运行规程和操作票都会禁止这种情况的出现，在此只是从二次接线的逻辑上讨论一下这个不太可能出现的事故。

第 5 章

如何看二次回路图纸

在前面的几章中，本书已经介绍了与变电站二次系统有关的几个主要概念。从本章开始，会结合具体的工程实例来学习二次回路。

关于如何看懂二次回路图纸的资料也有很多，从各个角度对绘图、识图等方面进行了阐述。二次回路具有很强的规律性、通用性，看明白其实并不难，关键在于找到二次回路的特点。作为一种入门的学习途径，大家恰恰忽略了最为简单的方法：从纯粹电路学的角度来看二次回路。二次回路是什么？它的本质就是一个电压为 220V 的直流电路。从电路学的角度来看二次回路，也正符合了"尽量抛开继电保护原理学习二次回路"的思路。

5.1　二次回路的分类

二次回路的分类方式很多，例如第一章提到的，分为开入、开出两种，这应该算是一种按照功能进行分类的方式。如果从纯粹的电路学原理出发，将二次回路分为有源回路和无源回路两种更为合理。

5.1.1　有源回路

有源回路，顾名思义，就是指有直流电源在其中的回路，多为控制回路。实际上，看二次回路图主要就是看控制回路。只要明白一个由电池、开关、灯泡组成的照明回路是如何工作的，就算是对看二次回路图入门了。因为这个最简单的直流电路恰恰揭示了绝大多数二次回路最根本的电路原理。灯泡回路与二次回路的对照如图 5-1 所示。

图 5-1 中的二次回路模型，体现了除电流电压回路以外的所有二次回路的共同点：**在一个两端电压为直流 220V 的电路中，存在一个断开点（控制开关或辅助接点）使该电路不能导通。在某一情况下，该断开点可以闭合使电路导通，电路中的其他元件带电；在相反情况下，该断开点又断开该电路使电路中的其他元件失电。**

在直流灯泡回路中，手动按下电灯开关 S 后该回路被接通，灯泡 HL 发光；在二次回路中，KA 的动合触点闭合后该回路被接通，中间继电器 KM 被

怎样看 110kV 变电站典型二次回路图

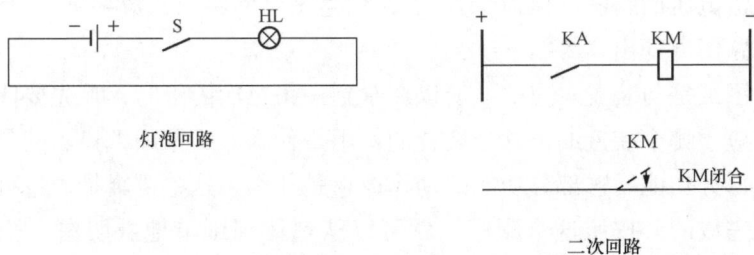

图 5-1　灯泡回路与二次回路模型的对照图

启动。由此可见，S 与 KA 是对应的，HL 与 KM 是对应的。整个回路的逻辑可以概括为：在某种情况发生时，该情况造成的结果会导致另一情况的发生。例如：人手按压开关 S 时，按压的结果是 S 闭合会使灯泡 HL 发光；继电器 KA 被启动后，KA 启动的结果——KA 动合触点闭合会使 KM 启动。

有源回路动作后必然产生一个结果，而这个结果必然可以通过某个无源回路表示出来。在图 5-1 中，这个结果就是中间继电器 KM 被启动，并通过 KM 的动合触点闭合表现出来。

5.1.2　无源回路

无源回路这个名称不是很确切，既然没有电源，当然也就无法形成回路，所以称为"无源接点"更合适。无源接点就像一个没有接入电路的开关，可以接在任意回路中。

无源接点也是有意义的，例如"弹簧储能限位开关"的无源动断触点 SM，将它接入信号开入回路可以报信号，将它接入操作箱闭锁回路则可以闭锁断路器合闸，但是它在这两个回路中所表示的含义是一样的：SM 闭合则表示"弹簧未储能"。

由此也可以看出，无源接点只有接入某一个有源回路才能发挥其作用。在实际工程中，一个有源回路不允许与另一个有源回路有电气联系。当两个有源回路需要逻辑上的联系时，一般的做法是：将代表一个有源回路动作结果的无源接点（可以是一个接点，也可能是几个接点的组合）接入另一个有源回路。这一点将在闭锁回路中详细解释。

5.2　二次图纸的分类及看图顺序

二次图纸的分类与二次设备工作方式的分类是对照的，可以将它们简单地分为：电流电压回路图（模拟量开入）、信号采集回路图（数字量开入）、控制及操作回路图（开出）等。

由于图纸是与装置对应的，所以在拿到一张二次图纸时，首先要明确这张图纸是对应于哪个装置的，这个装置的作用是什么，这张图纸显示的是这个装置的哪一部分功能，这部分功能的动作逻辑是什么，这些逻辑是通过哪些回路一步步地完成的。按照这个顺序，就可以从整体到细节地看明白一张二次图纸了。

在看二次图纸时，需要多张图纸一起看，这是由于回路之间的交叉联系造成的。在看图时，应该按照某一个功能把所有相关的图纸全部找出来，按照动作逻辑逐张看完。例如，在研究断路器的控制回路时，需要微机测控的控制回路图、操作箱的操作回路图、断路器端子箱的端子排图、断路器机构箱的操作回路图。这样就能比较容易的把这个回路的各个部分联系在一起，彻底地明白这个回路的动作原理。

第 6 章

断 路 器 的 控 制

断路器是一切继电保护及自动装置二次回路逻辑的最终执行单位，或者说，变电站内所有的微机保护和自动装置动作的最终结果，不是使断路器跳闸，就是使断路器合闸。断路器在变电站中的作用是如此之大，以至于变电站的大部分二次回路都是围绕对断路器的控制展开的。

断路器的分类方法有很多种，按照操动机构的不同分为弹簧机构断路器、气动机构断路器和液压机构断路器；按照工作（绝缘）介质的不同分为六氟化硫（SF_6）断路器、真空断路器和油断路器；按照工作电压的不同分为高压断路器、低压断路器等。按照不同分类方法分出的不同类型之间是可以互相组合的，如 SF_6 弹簧断路器、真空弹簧断路器等。

气压机构、液压机构、油绝缘断路器逐渐退出运行，本书不再详述。以下以采用弹簧机构、SF_6 绝缘或真空绝缘的断路器为例。

6.1 断路器的控制回路

断路器的控制回路主要包括断路器的跳、合闸操作回路以及相关闭锁回路。一个完整的断路器控制回路由微机保护（或自动装置）、微机测控、操作把手、切换把手、操作箱和断路器机构箱组成。至于为什么把微机保护和自动装置归为一类，这是由它们在断路器控制回路中的工作方式决定的，这一点会在后文详细解释。

按照不同的分类方法，断路器的操作类型也分为两种：按照操作命令的来源不同分为手动操作和自动操作，分清这两种类别对备自投装置是至关重要的；按照操作地点的不同分为远方操作和就地操作。就地操作必然是手动操作，远方操作有可能是手动操作，也可能是自动操作。

在讨论断路器操作的时候经常会提到"远方/就地"这个概念，在这里对这个概念进行一下分析，以便更好地理解本书后面的内容。就地是一个相对的概念，它的基准点在远方/就地切换把手所安装的那个位置。在 110kV 断路器的操作回路中，一般有两个切换把手，一个安装在微机测控屏，一个安装在断路器机构箱。对微机测控屏的切换把手 1QK 而言，使用微机测控屏上的操作把手 1SA 进行操作就属于就地，来自综合自动化后台软件或集控站通过远动系统传来的操作命令都属于远方；对断路器机构箱内的切换把手 43LR 而言，在机构箱使用操作按钮进行操作属于就地，一切来自主控室的操作命令都属于远方。简单地讲，切换把手与操作把手（按钮）必然是结合使用的，某个切换把手配套的操作把手的操作就属于就地，在其他地点进行的操作都属于远方。例如，使用 1SA 进行操作时，对 1QK 而言就属于就地，对 43LR 而言则属于远方。这些可以在图 7-3 中很直观的看到。

6.1.1　断路器的合闸操作

断路器的合闸操作分为手动合闸和自动合闸两种。手动合闸包括：利用综合自动化后台软件（或在集控站利用远动系统）合闸、在微机测控屏使用操作把手合闸、在断路器机构箱使用操作按钮合闸；自动合闸包括：线路重合闸和备自投装置合闸。

6.1.2　断路器的跳闸操作

断路器的跳闸操作分为手动跳闸和自动跳闸两种。手动跳闸包括：利用综合自动化后台软件（或在集控站利用远动系统）跳闸、在微机测控屏使用操作把手跳闸、在断路器机构箱使用操作按钮跳闸。自动跳闸包括：自身保护（该断路器所在间隔配置的微机保护）动作跳闸、外部保护（母线保护或外间隔配置的微机保护）动作跳闸、自动装置（备自投装置、低频减载装置等）动作跳闸、偷跳（由于某种原因断路器自己跳闸）。

6.2　断路器操作的闭锁回路

断路器操作的闭锁回路，根据断路器电压等级和工作介质的不同也有不同，但是总的来讲也可以分为两类：操作动力闭锁和工作介质闭锁。

操作动力闭锁指的是断路器操作所需动能的来源发生异常，禁止断路器进行操作。例如，弹簧机构断路器的"弹簧未储能禁止合闸"，液压机构的"压力低禁止合闸"等。

工作介质闭锁指的是断路器操作所需绝缘介质浓度异常，为避免发生危险而禁止断路器操作。例如，SF_6 断路器的"SF_6 压力低禁止操作"等。

6.3　110kV 六氟化硫（SF₆）断路器

SF₆ 断路器是 110kV 电压等级最常用的开关电器。以下选用西安西开高压电气股份有限公司生产的 LW25-126 型 SF₆ 绝缘弹簧机构断路器进行讲解。LW25-126 型断路器广泛应用于 110kV 电压等级，运行经验丰富，具有一定的代表性。

6.3.1　操作机构

LW25-126 型断路器操作机构的二次回路如图 6-1、图 6-2 所示。图 6-1 为断路器操作机构控制回路图，黑加粗部分为合闸回路，灰加粗部分为跳闸回路，深灰色部分为储能电动机启动回路。图 6-2 为辅助回路及信号回路图。主要元件的符号与名称对应关系如表 6-1 所示。

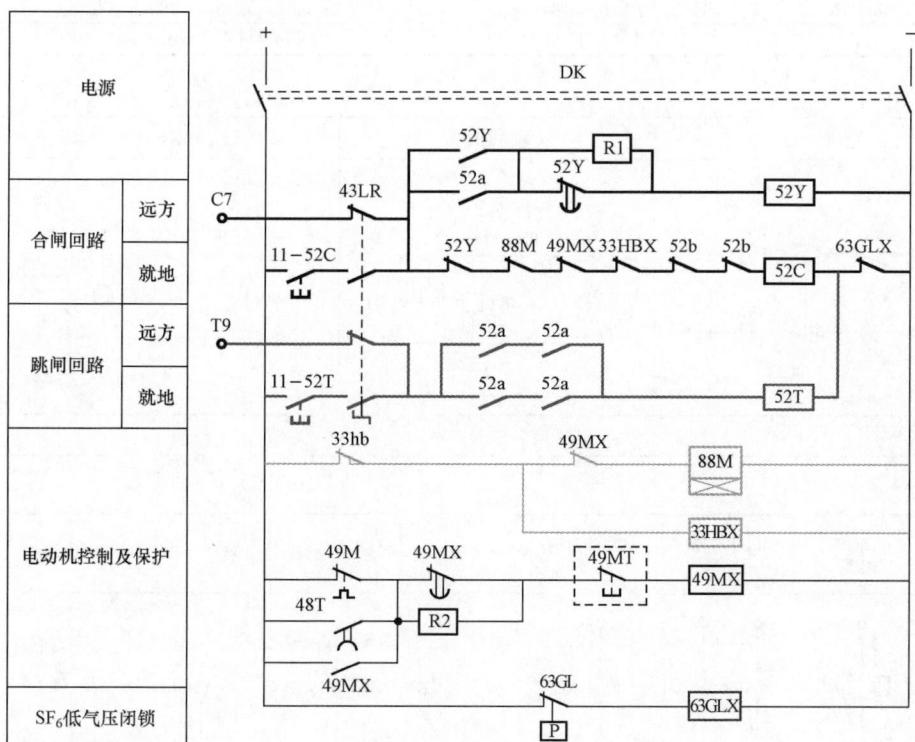

图 6-1　LW25-126 机构控制回路接线图

表 6-1   LW25-126 断路器机构二次元件表

符 号	名 称	备 注
11-52C	合闸操作按钮	手动合闸
11-52T	分闸操作按钮	手动跳闸
52C	合闸线圈	
52T	分闸线圈	
43LR	远方/就地切换开关	
52Y	防跳继电器	
8M	空气开关	储能电动机电源投入开关
88M	储能电动机接触器	动作后接通电动机电源
48T	电动机超时继电器	
49M	电动机过流继电器	
49MX	辅助继电器	反映电动机过流、过热故障
33hb	合闸弹簧限位开关	弹簧未储能时,其触点闭合
33HBX	辅助继电器	弹簧未储能时,通电,动断触点打开
52a、52b	断路器辅助触点	52a 为动合触点、52b 为动断触点
63GL	SF_6 气压压力触点	压力降低时,其触点闭合
63GLX	SF_6 低气压闭锁继电器	压力降低时,通电,动断触点打开
49MT	49MX 复归按钮	复归 49MX,现场增加

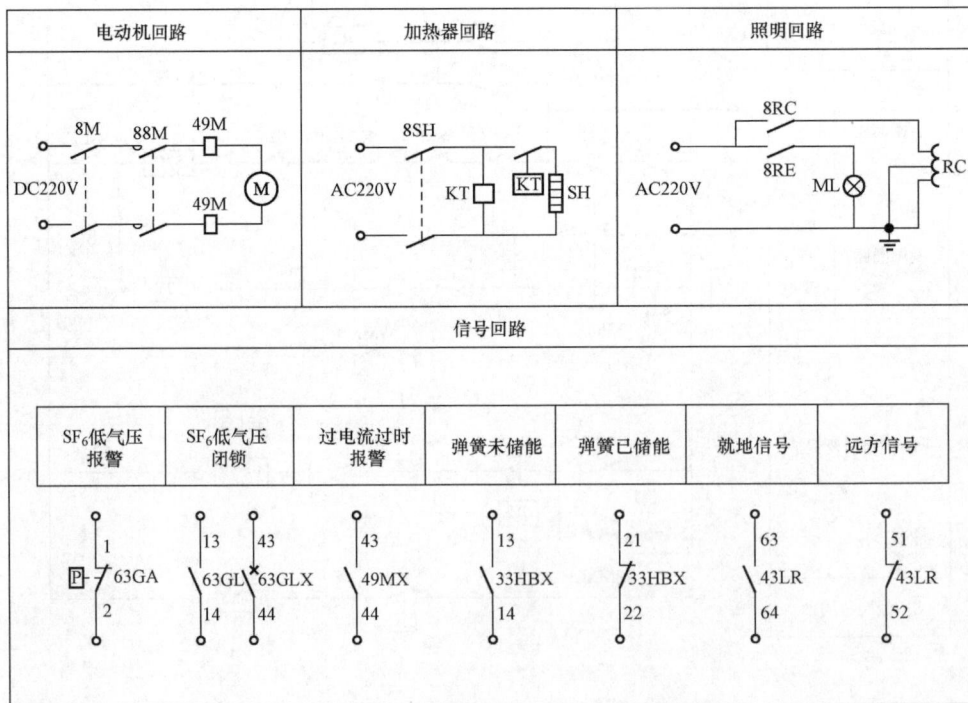

图 6-2   LW25-126 机构辅助回路接线图

6.3.2 合闸回路

6.3.2.1 就地合闸

43LR 在就地状态时，合闸回路由 11-52C、52Y 动断触点、88M 动断触点、49MX 动断触点、33HBX 动断触点、52b 动断触点、52C、63GLX 动断触点组成。合闸回路处于准备状态（按下 52C 即可合闸）时，需要满足以下条件：

（1）52Y 动断触点闭合。52Y 是防跳继电器。防跳是指防止在手合断路器于故障线路且发生手合开关接点粘连的情况下，由于"线路保护动作跳闸"与"手合开关触点粘连"同时发生造成断路器在跳闸动作与合闸动作之间发生跳跃的情况。由于操作箱和断路器机构箱都配置了防跳回路，参照相关技术文件的要求，一般将断路器机构箱中的防跳回路拆除，只保留微机操作箱中的防跳回路。为什么要拆除断路器机构箱内的防跳回路呢？这不仅仅是由于两套防跳系统在功能上发生重复，而且在两套防跳系统同时运行的情况下还会发生断路器在合闸状态时绿灯亮的情况。这一点将在 7.3 中详细讲解。

由于 LW25-126 型 SF₆ 断路器的防跳回路与典型防跳回路在原理上存在一

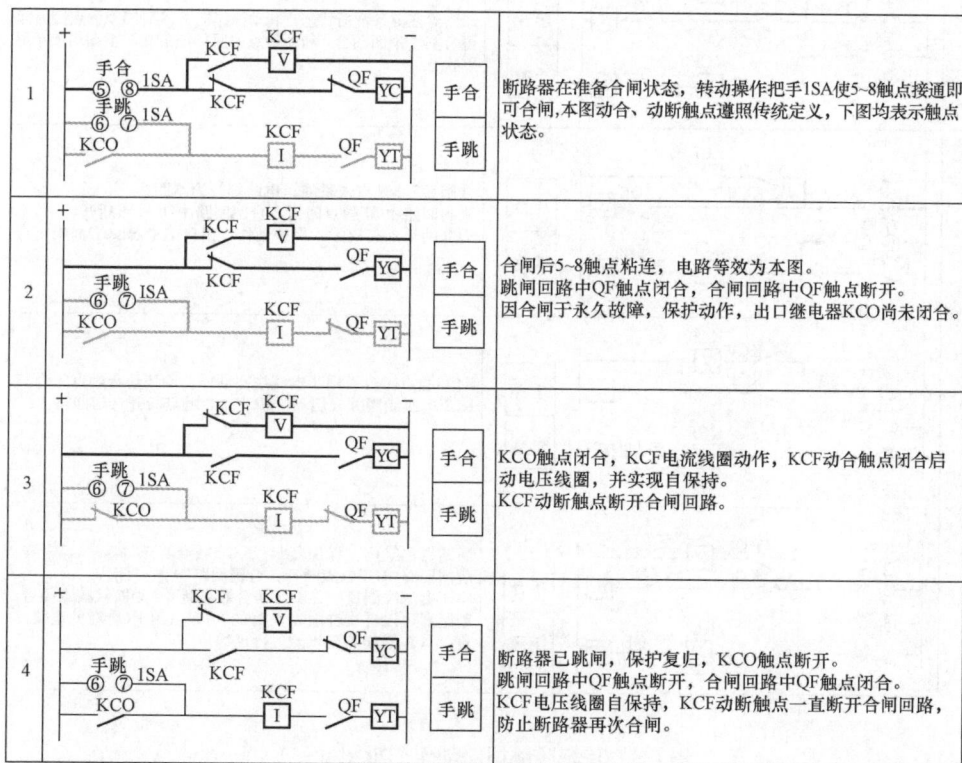

图 6-3　传统防跳回路接线

定差异，所以在此进行一下比较。

传统的防跳回路可以简化为如图 6-3 所示。图中备注文字详细介绍了合闸于故障点且 1SA 合闸触点粘连情况时，各个阶段的回路状态及电路分析。图 6-4（a）介绍了合闸于故障点但 1SA 合闸触点不粘连情况下防跳回路的动作过程。图 6-4（b）介绍了合闸于正常线路且 1SA 合闸触点不粘连情况下防跳回路的动作过程。

从图 6-3、图 6-4（a）、图 6-4（b）中，可以得出以下结论：传统防跳回路起作用是由跳闸开始的，即跳闸这个动作启动了防跳回路，在合闸于故障线路且合闸触点粘连的情况下，断路器跳闸后就不可能进行第二次合闸操作；在合闸于故障线路而合闸接点不粘连的情况下，其实防跳回路并没有被完整的启动（电压线圈未启动），实际上无法形成对合闸操作的闭锁，但由于合闸触点未粘连，所以在值班人员再次发出合闸命令前，断路器也不会进行第二次合闸

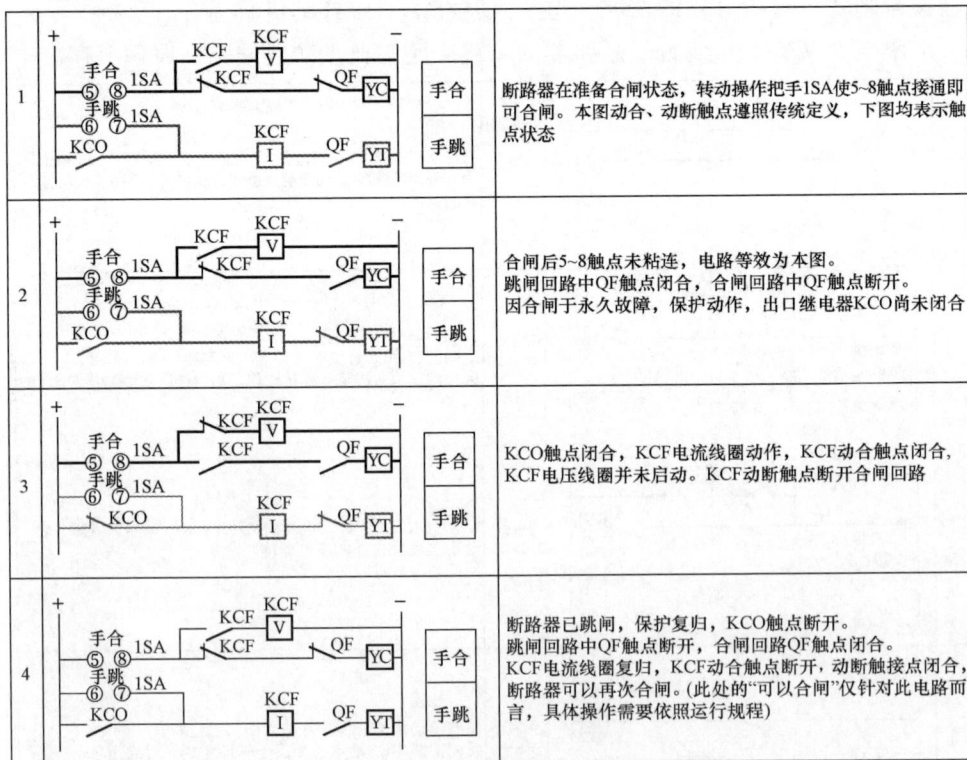

	图	备注
1		断路器在准备合闸状态，转动操作把手1SA使5~8触点接通即可合闸。本图动合、动断触点遵照传统定义，下图均表示触点状态
2		合闸后5~8触点未粘连，电路等效为本图。跳闸回路中QF触点闭合，合闸回路中QF触点断开。因合闸于永久故障，保护动作，出口继电器KCO尚未闭合
3		KCO触点闭合，KCF电流线圈动作，KCF动合触点闭合，KCF电压线圈并未启动。KCF动断触点断开合闸回路
4		断路器已跳闸，保护复归，KCO触点断开。跳闸回路中QF触点断开，合闸回路QF触点闭合。KCF电流线圈复归，KCF动合触点断开，动断触点闭合，断路器可以再次合闸。(此处的"可以合闸"仅针对此电路而言，具体操作需要依照运行规程)

(a)

图 6-4 传统防跳回路动作逻辑图（一）

（a）合闸于故障点但 1SA 合闸触点未粘连

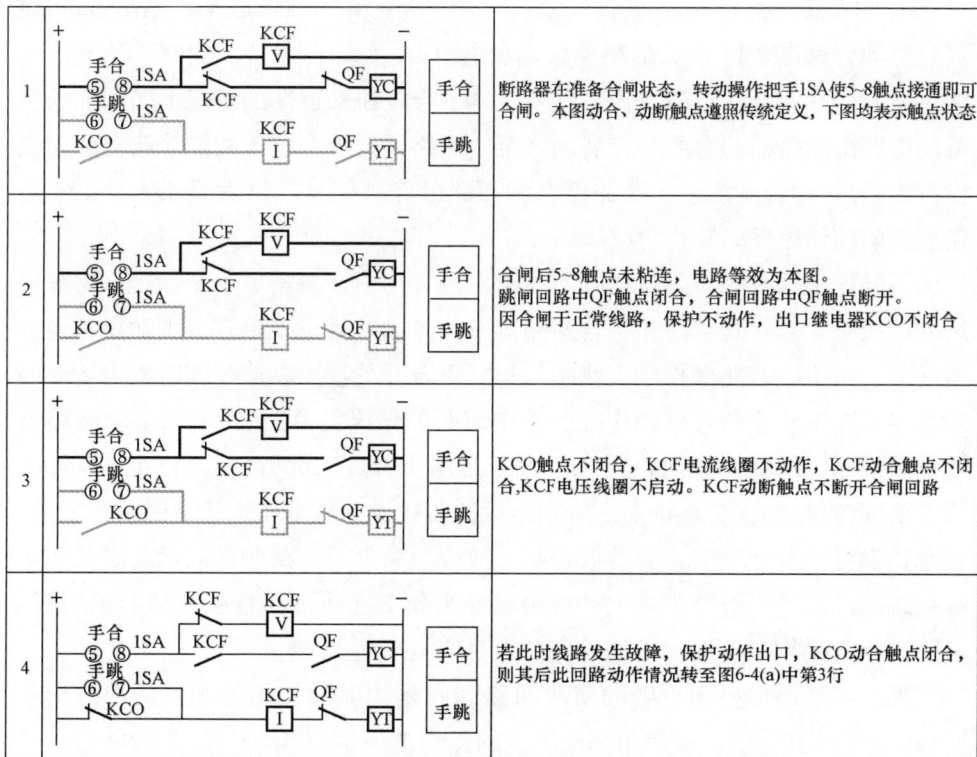

1		断路器在准备合闸状态，转动操作把手1SA使5~8触点接通即可合闸。本图动合、动断触点遵照传统定义，下图均表示触点状态
2		合闸后5~8触点未粘连，电路等效为本图。跳闸回路中QF触点闭合，合闸回路中QF触点断开。因合闸于正常线路，保护不动作，出口继电器KCO不闭合
3		KCO触点不闭合，KCF电流线圈不动作，KCF动合触点不闭合，KCF电压线圈不启动。KCF动合触点不断开合闸回路
4		若此时线路发生故障，保护动作出口，KCO动合触点闭合，则其后此回路动作情况转至图6-4(a)中第3行

(b)

图 6-4　传统防跳回路动作逻辑图（二）

（b）合闸于正常线路且 1KK 合闸触点未粘连

操作；在合闸于正常线路且合闸触点不粘连的情况下，防跳回路完全不启动。

图 6-1 中断路器机构箱内的防跳回路如图 6-5 所示。从图 6-5 中可以看出，按下手合按钮 11-52C 合闸后，如果 11-52C 在合闸后发生粘连，则 52Y 通过

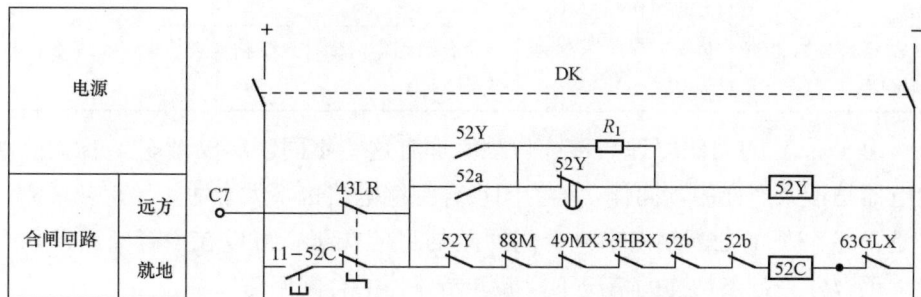

图 6-5　LW25-126 机构箱防跳回路接线图

11-52C 的粘连触点、断路器动合触点 52a、52Y 动断触点启动，然后 52Y 通过自身动合触点、11-52C 的粘连触点和电阻 R_1 实现自保持。同时，52Y 动断触点断开合闸回路。也就是说，在发生"手合按钮粘连"的情况下，52Y 的防跳功能即由断路器的合闸操作启动（至于断路器是否合闸于故障线路对此完全没有影响），即合闸之后，断路器合闸回路已经被闭锁。这就是 LW25-126 防跳回路的动作原理。

不妨仔细想一想，是这样吗？在上一段文字中，忽略了一个问题：防跳回路的定义是什么？是"防止手合断路器于故障线路且发生手合开关触点粘连的情况下，由于'线路保护动作跳闸'与'手合开关接点粘连'同时发生造成的断路器在跳闸动作与合闸动作之间发生跳跃的情况"。那么，如果手合断路器于故障线路，断路器如何跳闸呢？由于是用 11-52C 合闸，切换把手 43LR 必然在就地位置，"保护跳闸命令"根本无法传输到断路器机构箱内的跳闸回路。这个错误是十分严重的，会造成合闸于故障线路且无法跳闸的后果，必然造成越级跳闸从而使事故范围扩大。这也就是为什么在将断路器投入运行的时候，必须在远方操作，不仅仅是因为保护人身安全的需要。

那么，断路器机构箱内的防跳回路到底是如何起作用的呢？将切换把手 43LR 置于远方位置，若使用测控屏上的操作把手 1SA 合闸后发生合闸触点粘连，那么 52Y 的动作情况就会与刚才分析的一样，并且起到了防跳功能，而不是上文提到的仅仅形成"断路器合闸回路被闭锁"的状态。

总结一下两套防跳回路的异同点，见表 6-2。

表 6-2 两套"防跳"回路异同对照表

名　　称	相　同　点	不　同　点
操作箱防跳回路	都是针对测控屏上的操作把手 1SA 粘连；都能实现防跳功能	由跳闸动作启动；粘连而线路无故障时，不启动
断路器机构箱防跳回路		由合闸动作启动；只要粘连就启动，与线路状态无关

由于 52Y 的动作原理与传统防跳原理有这些不同，所以将 52Y 称为防跳继电器是不太严谨的，同样，称为闭锁合闸继电器也不太合适。比较合适的说法是：将 52Y 的动断触点串入合闸回路的目的在于，可以在手合断路器后且发生手合开关触点粘连的情况下，断开断路器的合闸回路。

（2）88M 动断触点闭合。88M 是合闸弹簧储能电机的接触器，它是由合

怎样看 110kV 变电站典型二次回路图

闸弹簧限位开关 33hb 的动断触点启动的。断路器机构内有两条弹簧，分别是合闸弹簧与跳闸弹簧。合闸弹簧依靠电机牵引进行储能（拉伸），跳闸弹簧依靠合闸弹簧释放（收缩）时的势能储能。断路器的合闸操作是通过合闸弹簧势能释放带动相关机械部件完成的。断路器合闸动作结束后，合闸弹簧失去势能，即合闸弹簧处于未储能状态，合闸弹簧限位开关 33hb 动断触点闭合。33hb 动断触点闭合后启动 88M，88M 动合触点闭合接通电机电源使电机运转给合闸弹簧储能。同时，88M 动断触点打开从而断开合闸回路，实现闭锁功能。

电机转动将合闸弹簧拉伸到一定程度后（即储能完成），33hb 动断触点打开使 88M 失电，88M 动合触点打开从而断开电动机电源使其停止运转，合闸弹簧由定位销卡死。同时，88M 动断触点闭合，解除对合闸回路的闭锁。在合闸弹簧再次释放前，电动机均不再运转。88M 动断触点闭合表示电动机停止运转。在排除电机故障的情况下，电动机停止运转在一定程度上表示合闸弹簧已储能。

将 88M 的动断触点串入合闸回路的目的在于，防止在弹簧正在储能的那段时间内（此时弹簧尚未完全储能）进行合闸操作。

（3）49MX 动断触点闭合。49MX 是一个中间继电器，是由电动机过流继电器 49M 或电动机超时继电器 48T 启动的，概括地说，它代表的是电动机故障。在电动机发生故障后，49M 或 48T 通过 49MX 的动断触点启动 49MX，而后 49MX 通过自身动合触点及电阻 R2 实现自保持。同时，49MX 动断触点打开从而断开合闸回路，实现闭锁功能。49MX 动断触点闭合表示电动机正常。

从图 6-1 中可以看出，在 49MX 的自保持回路接通以后，存在无法复归的问题。即使电动机故障已经排除，49M 和 48T 已经复归，49MX 仍然处于动作状态，其动断触点一直断开合闸回路。最初，检修人员只能断开断路器操作回路的电源开关使 49MX 复归；现在，在 49MX 的自保持回路中串接了一个复归按钮（如图 6-1 中虚线框内的 49MT），解决了这个问题。

合闸弹簧释放（即合闸动作完成）后，将自动启动电动机进行储能。如果电动机存在故障，则合闸弹簧就不能正常储能，从而导致无法进行下一次合闸操作。例如手动合闸 110kV 线路断路器成功后，如果电动机故障造成合闸弹簧储能失败而断路器继续运行，则在线路发生故障时，重合闸必然失败。

将 49MX 的动断触点串入合闸回路的目的在于防止将合闸弹簧已储能但储能电动机已经发生故障的断路器合闸。

（4）33HBX 动断触点闭合。33HBX 是一个中间继电器，它是由合闸弹簧限位开关 33hb 的动断触点启动的。33hb 动断触点闭合表示的是合闸弹簧未储能，它同时启动电动机接触器 88M 和合闸弹簧未储能继电器 33HBX，88M 的动合触点接通电机电源回路进行储能，33HBX 的动断触点打开从而断开合闸回路，实现闭锁功能。33HBX 的动断触点闭合表示的是合闸弹簧已储能。

将 33HBX 的动断触点串入合闸回路的目的在于，防止在弹簧未储能时进行合闸操作，若无此动断触点断开合闸回路，则会由于合闸保持继电器 KLC 的作用导致合闸线圈 52C 持续通电而被烧毁。

由 33hb 与 33HBX 的关系也可以得出以下结论：由情况 A 的动合触点启动的中间继电器 B 的动合触点的含义，与 A 的动合触点的含义是一致的；由情况 A 的动合触点启动的中间继电器 B 的动断触点的含义，与 A 的动合触点的含义是相反的；由情况 A 的动断触点启动的中间继电器 B 的动断触点的含义，与 A 的动断触点的含义是相反的；由情况 A 的动断触点启动的中间继电器 B 的动合触点的含义，与 A 的动断触点的含义是一致的。例如，代表弹簧未储能的 33hb 的动断触点启动的中间继电器 33HBX 的动断触点表示的是弹簧已储能。

（5）断路器的动断辅助触点 52b 闭合。断路器的动断辅助触点 52b 闭合表示的是断路器处于分闸状态。从图 6-1 中可以看出，有两个 52b 的动断触点串连接入了合闸回路，这和传统控制回路图纸中的一个动断触点的画法是不一致的。这是因为，断路器的辅助触点和断路器的状态在理论上是完全对应的，但是在实际运行中，由于机件锈蚀等原因都可能造成断路器变位后辅助接点变位失败的情况。将两对辅助触点串连使用，可以确保断路器处于这种接点所对应的状态。

将断路器动断辅助触点 52b 串入合闸回路的目的在于，保证断路器此时处于分闸状态，更重要的是，52b 用于在合闸操作完成后切断合闸回路。

（6）63GLX 的动断触点闭合。63GLX 是一个中间继电器，它是由监视 SF_6 密度的气体继电器 63GL 的动断触点启动的。由于泄漏等原因都会造成断路器内 SF_6 的密度降低，无法满足灭弧的需要，这时就要禁止对断路器进行操作以免发生事故，通常称为 SF_6 低气压闭锁操作。63GLX 启动后，其动断触点打开，合闸回路及跳闸回路均被断开，断路器即被闭锁操作。

与前面几对闭锁触点不同的是，63GLX 闭锁的不仅仅是合闸回路。从图 6-1 中，我们可以明显的看出，这对触点闭锁的是合闸及跳闸两个回路，所以它的意义是闭锁操作。

将 63GLX 的动断触点串入操作回路的目的在于，防止在 SF$_6$ 密度降低不足以安全灭弧的情况下进行操作而造成断路器损毁。

在满足以上五个条件后，断路器的合闸回路即处于准备状态，可以在接到合闸指令后完成合闸操作。

6.3.2.2　远方合闸

对断路器而言，远方合闸是指一切通过微机操作箱发来的合闸指令，它包括微机线路保护重合闸、自动装置合闸、使用微机测控屏上的操作把手合闸、使用综合自动化系统后台软件合闸、使用远动功能在集控中心合闸等，这些指令都是通过微机操作箱的合闸回路传送到断路器机构箱内的合闸回路的。

这些合闸指令其实就是一个高电平的电信号（我们也可以简单地认为它就是直流正电源），当 43LR 处于远方状态时，它通过 43LR 以及断路器机构箱内的合闸回路与负电源形成回路，启动 52C 完成合闸操作。

断路器的远方合闸回路，除了 43LR 在远方位置且无 11-52C 外，与就地合闸回路是一样的。

6.3.3　跳闸回路

6.3.3.1　就地跳闸

43LR 在就地状态时，跳闸回路由跳闸按钮 11-52T、52a 动合触点、52T 和 63GLX 动断触点组成。跳闸回路处于准备状态（按下 11-52T 即可成功跳闸）时，断路器需要满足以下条件：

（1）断路器的动合辅助触点 52a 闭合。断路器的动合辅助触点 52a 闭合表示的是"断路器处于合闸状态"。从图 6-1 中可以看出，跳闸回路使用了 52a 的四对动合触点。每两对动合触点串连，然后再将它们并联，这样既保证了辅助触点与断路器位置的对应关系，又减少了辅助触点故障对断路器跳闸造成影响的几率。

将断路器动合辅助触点 52a 串入跳闸回路的目的在于，保证断路器处于合闸状态，更重要的是，52a 用于在跳闸操作完成后切断跳闸回路。

（2）63GLX 的动断触点闭合。同 6.4.2.1（6）中所述。

6.3.3.2　远方跳闸

对断路器而言，远方跳闸是指一切通过微机操作箱发来的跳闸指令，包括微机保护跳闸、自动装置跳闸、使用微机测控屏上的操作把手跳闸、使用综合自动化系统后台软件跳闸、使用远动功能在集控中心跳闸等，这些指令都是通过微机操作箱的跳闸回路传送到断路器的。

这些跳闸指令其实就是一个高电平的电信号，在43LR处于远方状态时，它通过43LR以及断路器机构箱内的跳闸回路与负电源形成回路，启动52T完成跳闸操作。

6.4 辅 助 回 路

辅助回路指的是除合闸回路、跳闸回路之外的其他电气回路，包括信号回路、电动机回路、加热器回路。

6.4.1 信号回路

所谓信号回路实际均是无源接点，可接入光字牌报警系统或微机测控装置，主要包括：SF_6压力降低报警、SF_6压力降低闭锁操作、电动机故障、合闸弹簧未储能等。

6.4.2 电动机回路

电动机回路包括电动机控制回路和电动机电源回路。电动机控制回路由合闸弹簧限位开关33hb的动断触点和电动机接触器88M组成。合闸弹簧释放后，33hb动断触点闭合启动88M，而后88M启动电动机开始运转给合闸弹簧储能。

电动机在断路器合闸后开始再次运转储能。储能完成后，在第二次合闸前，合闸弹簧一直处于已储能状态，与断路器在此期间是否跳闸无关。如此即可保证在断路器合闸后，即使断路器机构在再次储能完成后失去电动机电源，仍然可以在断路器跳闸后进行一次合闸操作。举例来说：110kV线路在故障跳闸后的重合闸操作所需的能量，是在断路器第一次合闸后就开始储备并留存待用的，而不是在跳闸后才开始储备的。

至于使用直流电动机还是交流电动机，不同地区的看法也不尽相同，目前尚无定论。

6.4.3 加热器回路

加热器回路由温湿度控制器KT自动控制。当断路器机构箱内温度偏低、湿度偏高时，KT的动合触点闭合启动加热器，对断路器机构箱进行加热、除潮，避免环境原因对断路器机构运行造成影响。

第 7 章

RCS-941A 的操作箱

微机操作箱是和微机保护、微机测控配套使用的用于对断路器进行操作的装置。以往在电力工程中应用较广泛的独立操作箱有 ZSZ-11S（许继电气公司产品）等型号。目前，对 110kV 及以下电压等级设备的二次系统，各大厂商多将微机保护和操作箱整合为一台装置，不再设置独立的操作箱。RCS-941A 是南瑞继保公司的产品，其操作回路原理接线如图 7-1 所示。

以图 7-1 分析，操作箱主要由合闸回路、跳闸回路、防跳回路、断路器操作闭锁回路、断路器位置监视回路等组成。在图 7-1 中，黑加粗部分为合闸回路，浅灰色部分为跳闸回路，灰加粗色部分为防跳回路，深灰色部分为闭锁回路。可以看出，防跳回路与闭锁回路贯穿于合闸、跳闸回路之中，这也是它们起作用的必然要求。

7.1 合 闸 回 路

7.1.1 手动合闸

手动合闸回路中的元件包括：操作把手 1SA、"远方/就地"切换把手 1QK（1SA、1QK 都是安装在微机测控屏上或者安装在常规控制屏上的，严格意义上讲，这两个元件不属于操作箱的范畴）、"断路器本体异常禁止合闸"继电器（KPC1、KPC2）的动断触点、防跳电压继电器 KCFV 的动断触点、合闸保持继电器 KLC。图 7-1 虚线框内中所示的"断路器动断辅助触点 QF、合闸线圈 YC"是一个简略画法，代表断路器机构箱中的整个合闸回路，具体可参照图 6-1。

以微机测控屏作为参照点，就地手动合闸回路的动作逻辑为：1QK 在就地位置且防跳电压继电器未形成自保持，同时断路器本体未禁止合闸且断路器机构箱远方合闸回路处于准备状态时，手动旋转 1SA 使其⑤⑥触点闭合，合闸回路整体导通。同时，合闸保持继电器 KLC 动作，其常开节点闭合形成自保持。1SA 返回原来位置后，其⑤⑥触点断开，合闸回路依靠 KLC 的自保持回路导通。断路器合闸成功后，其动断辅助触点 52a 断开合闸回路，KLC 复

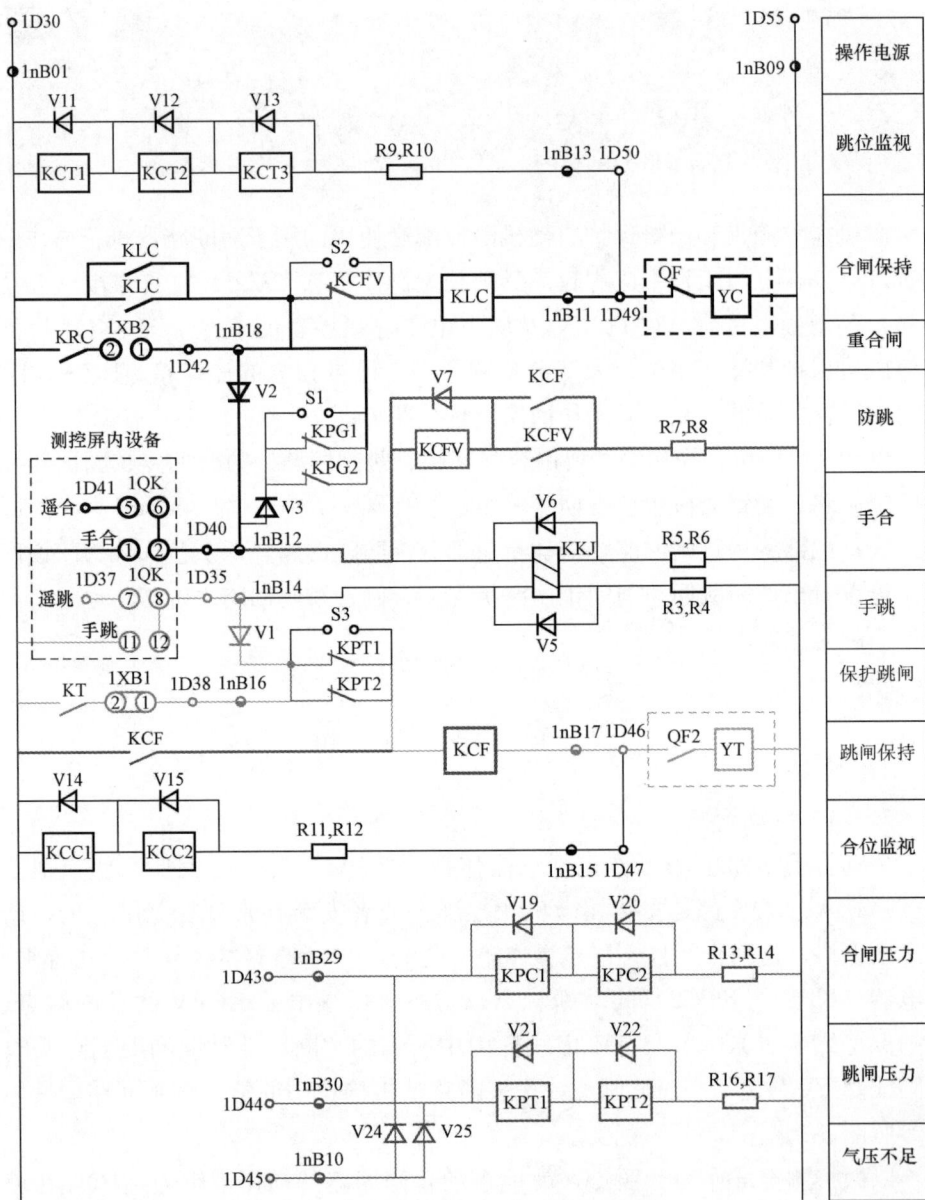

图 7-1 RCS-941A 操作回路接线图

归，其自保持接点随后断开。

以微机测控屏作为参照点，远方手动合闸的逻辑与就地手合类似，不同在于：1QK 在远方位置，合闸指令来自微机测控装置而不是手动旋转 1SA 接通正电源。再次强调一点，此处的远方、就地都是针对 1QK 而言的，对断路器机构箱内的远方/就地切换把手 43LR 而言，这两种合闸操作的性质均为远方合闸。

（1）操作把手 1SA。1SA 并不是 RCS-941 操作箱的固定组成部分，它是一个独立元件，在综合自动化变电站中一般和微机测控装置安装在一面屏上，用于实现对断路器的操作，在技术手段上通常称为强电手操。强电手操是指，在综合自动化变电站中为了防止弱电操作系统（后台软件、远动装置等）故障造成无法对断路器进行操作而保留的强电（直流 220V）手动操作方式，可以切实保证对断路器进行控制。

（2）远方/就地切换把手 1QK。1QK 同样是一个独立元件，用于实现远方/就地操作模式的切换。这里的远方是指一切通过微机测控装置向操作箱发出的跳、合闸指令，就地是指通过 1SA 向操作箱发出的跳、合闸指令。

（3）禁止合闸继电器（KPC1、KPC2）的常闭触点。KPC 的中文名称应该是合闸压力继电器，最初是和跳闸压力继电器 KPT 配合使用来监测采用液压（或气动）机构的断路器的操作动力（即压力）是否满足断路器合闸、跳闸的要求。从操作箱中的回路来看，它可以反映一切应该禁止断路器合闸的情况，而且液压及气动机构逐渐退出运行，所以在这里将 KPC1 及 KPC2 合称为禁止合闸继电器。弹簧机构断路器本身带有完善的操作动力闭锁及工作介质闭锁功能，所以，习惯上不再将断路器操作动力闭锁接点引至操作箱启动 KPC 以及下文将要提到的 KPT 进行重复闭锁。也就是说，操作箱中 KPC 和 KPT 的常闭接点始终都是闭合的，其作用相当于导线。

（4）防跳电压继电器 KCFV 的动断触点。KCFV 的动断触点闭合，表示防跳电流继电器 KCF 未启动，允许断路器进行合闸操作。详见 6.4.2.1 中相关内容所述。

（5）合闸保持继电器 KLC。在传统的断路器操作回路中，合闸回路里是没有合闸保持继电器 KLC 的，为什么在微机操作箱中要增加它呢？要保证断路器合闸成功，必须使合闸回路中的电流持续一定的时间以启动合闸线圈。传统控制回路中采用 LW2 系列操作把手进行手动操作，在有值班人员操作的情况下，可以通过人力保证足够的合闸电流持续时间。

微机型二次设备的发展思路是和变电站自动化系统紧密联系在一起的，也是和无人值班模式变电站的发展联系在一起的。遥控合闸指令是一个只有几十至几百毫秒的高电平脉冲，如果脉冲在合闸线圈启动之前消失，则合闸操作就会失败。所以，在微机型操作箱中引入了合闸保持继电器 KLC，依靠 KLC 的自保持回路，可以保证在断路器合闸操作完成之前，断路器的合闸回路一直保持导通状态，确保断路器能够完成合闸操作。同时，KLC 的自保持回路还保证了一定是由断路器的动断触点 QF 断开合闸回路，避免了由不具备足够开断容量的 1SA 触点或遥合触点断开此回路造成粘连甚至烧毁的危险。具体分析如下：在 KLC 启动以后，其动合触点闭合，在断路器合闸完成以前通过使合闸回路导通实现自保持。此时，1SA 的合闸触点或遥合触点断开都不会起到分断合闸电流的作用，只有在断路器合闸成功后，断路器动断触点 QF 打开才会切断合闸回路的电流。

在运行中，也出现过由于增加了 KLC 造成合闸线圈 YC 烧毁的情况。对这种情况进行分析后，总结出两种可能的情况。第一种：在图 7-1 所示合闸回路中，断路器机构箱内的部分（虚线框内）只是一种示意画法，其实不只是一个断路器的动断触点 QF 和合闸线圈 YC，它还串连了断路器机构箱内的一些闭锁触点。但是，某些早期采用弹簧机构的断路器，其合闸回路中没有串连表示弹簧已储能的动合触点 SM，只是将弹簧未储能作为预报信号引入中央信号系统进行告警。在这种情况下，如果操作箱在弹簧未储能时发出合闸指令，则由于断路器机构箱内控制回路无相应闭锁触点导致 YC 带电，断路器开始合闸。事实上，断路器由于合闸弹簧没有足够的势能无法合闸成功，断路器动断触点无法断开合闸回路，KLC 的自保持回路会一直导通，使 YC 长时间带电烧毁。这种情况发生后，断路器厂家都对产品设计进行了修改，在弹簧机构断路器合闸回路中都已串连了表示弹簧已储能的动合触点 SM，电力部门对此前运行的不符合此要求的旧设备也进行了相关改造。第二种情况，断路器在合闸成功后，由于机件锈蚀等原因造成其接于断路器机构箱合闸回路内的动断触点未能打开，导致合闸回路一直导通，使 YC 长时间带电烧毁。

在以上条件均满足的情况下，旋转 1SA 使①②触点闭合，即可使手动合闸指令到达 1D49 端子，然后通过控制电缆到达断路器机构箱（具体参照6.4.2.2），实现合闸功能。

7.1.2 自动合闸

自动合闸包括重合闸和自动装置合闸，重合闸是最常见的一种。从图 7-1 中可以看出，重合闸回路是由重合闸继电器 KRC 的动合触点启动的，而 KRC 是由继电保护 CPU 驱动的。关于自动装置合闸的部分，将在关于备自投装置的章节中具体讲解。

7.2 跳 闸 回 路

7.2.1 手动跳闸

手动跳闸回路中的元件包括：操作把手 1SA、远方/就地切换把手 1QK、断路器本体异常禁止跳闸继电器（KPT1、KPT2）的动断触点、防跳电流继电器 KCF。图 7-1 虚线框内所示的断路器辅助动合触点 QF、跳闸线圈 YT 是一个简略画法，代表断路器机构箱中整个跳闸回路。

以微机测控屏作为参照点，就地手动跳闸的动作逻辑为：1QK 在就地位置且断路器本体未禁止跳闸，同时断路器机构箱远方跳闸回路处于准备状态时，手动旋转 1SA 使其⑦⑧触点闭合，跳闸回路整体导通。同时，防跳电流继电器 KCF 动作，其动合触点闭合形成自保持。1SA 返回原来位置，其⑦⑧触点断开，跳闸回路依靠 KCF 的自保持回路接通。断路器跳闸成功后，其动合辅助触点 QF 断开跳闸回路，KCF 复归，其自保持触点随后断开。由此也可以看出，所谓防跳继电器的电流线圈实际也起到了跳闸保持继电器的作用。

以微机测控屏作为参照点，远方手动跳闸的逻辑与就地手跳类似，不同在于：1QK 在远方位置，跳闸指令来自微机测控装置而不是手动旋转 1SA 接通正电源。

7.2.2 自动跳闸

自动跳闸包括本间隔保护动作跳闸、外部保护跳闸和自动装置跳闸。本间隔保护指的是操作这个操作箱的微机保护装置。微机操作箱是和微机保护装置配套使用的，微机保护负责对采集到的数据进行运算分析，确定是否要对断路器进行操作，操作箱负责执行微机保护发出的对断路器的操作指令。所以，操作箱一个主要的功能就是执行其服务的微机保护的跳闸命令。从图 7-1 中可以看出，保护跳闸是由保护跳闸继电器 KT 的动合触点启动的，而 KT 是由继电保护 CPU 驱动的。此时，需要提到防跳电流继电器 KCF 自保持回路的另一个重要作用就是：防止在自动跳闸时，保护出口继电器常开接点 KT 先于断路器动合辅助触点 QF 断开而起到切断跳闸电流的作用导致自身损毁。

外部跳闸和自动装置跳闸指的是由操作箱配套的微机保护之外的其他微机保护或自动装置发出跳闸指令，例如母差保护动作、低周减载动作、备自投动作等。它们发出的跳闸指令与本间隔微机保护发出的跳闸指令的作用模式是类似的，即提供一个代表跳闸指令的无源动合触点，与本间隔微机保护提供的

KT 动合触点并联接入操作箱即可。

7.3 防跳回路的配合

微机操作箱中防跳回路的作用与断路器机构箱中防跳回路的作用是重复的，保留一套即可。一般情况下，选择拆除断路器机构箱中的防跳回路，保留操作箱中的防跳回路。

在此讨论一个两套防跳回路同时运行时比较常见的现象：断路器在合闸状态，KCT 不动作而绿灯亮。图 7-2 是 RCS-941A 的前身 LFP-941A 的操作箱二次回路图，它的简化图与图 6-1 的连接如图 7-3 所示。

图 7-1 与图 7-2 的一个主要区别就是将绿、红指示灯分别从 KCT、KCC 的串联回路中拆除了，改为由 KCT、KCC 的动合触点启动（图 7-1 中未显示）。这个变化看似没有什么实际的意义，因为指示灯还是随着相应位置继电器的状态（带电/失电）而变化（亮/灭），其实还是有点区别的，请注意图7-3中的灰加粗部分。合闸动作逻辑为：操作箱收到合闸指令后，合闸保持继电器 KLC 启动并实现自保持，断路器机构箱内合闸回路导通，断路器开始合闸；合闸成功后，断路器动断辅助触点 52b 断开合闸回路，动合辅助触点 52a 闭合，由于操作把手 1SA 的合闸触点⑤⑥没有粘连，所以断路器机构箱的防跳回路启动失败。但是，图 7-3 中所示灰加粗回路此时处于导通状态，由于操作箱内电阻 R5～R7 的分压，KCT 和 52Y（均为电压继电器）都不足以启动，但此回路中有足够的电流启动绿灯 LD，最终形成"断路器在合闸状态，KCT 不动作，绿灯亮"的故障。所以，在施工时一般在图 7-3 中×处将断路器机构箱中防跳回路拆除。

在此，顺便提一下另外一个问题：用 KCT、KCC 的动合触点启动绿、红指示灯与用断路器的动断、动合辅助触点启动有区别吗？答案是肯定的。就"以指示灯的状态（绿灯亮还是红灯亮）区别断路器的状态（分位还是合位）"而言，用两者启动指示灯都不会造成功能上的错误。但是，KCT、KCC 还有另一个作用：分别监视合闸回路与跳闸回路是否处于准备状态（参考 6.4.2.1 中的定义），即操作回路本身是否存在故障，因此，用其常开接点启动的指示灯不但可以显示断路器的状态，对应的也可以表示此监视功能。

在发生"控制回路断线"故障时，（这个信号由 KCT、KCC 的动断触点串联组成，代表 KCT、KCC 同时失电，在正常的实际运行中，它们必然有一

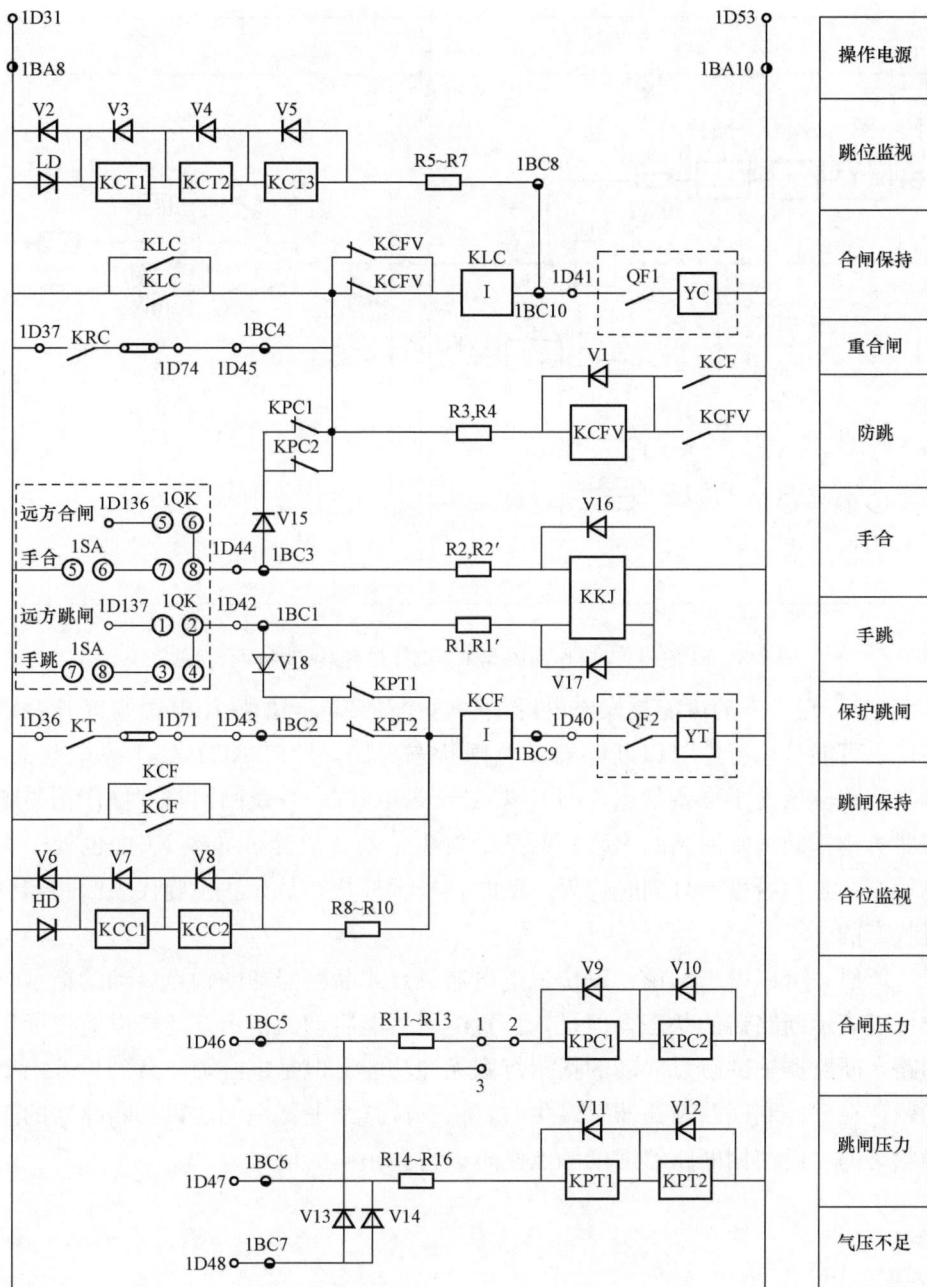

图 7-2　LFP-941A 操作回路接线图

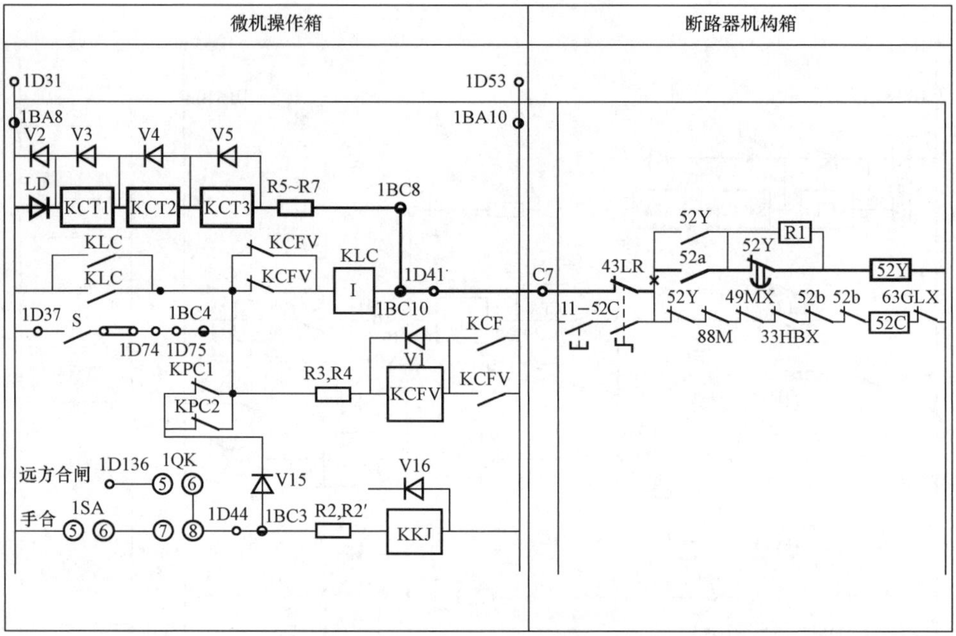

图 7-3　RCS-941A 操作回路与 LW25-126 机构箱的配合接线图

只带电），它代表的可能是操作电源消失这个故障，例如操作电源空气开关跳闸；也可能是运行中（以断路器在合闸状态为例，此时 KCT 处于失电状态，跳闸回路应该处于准备状态，即 KCC 处于带电状态），跳闸回路（操作箱与断路器机构箱的跳闸回路的串联）的某处发生了断线故障，导致 KCC 也处于失电状态，红、绿指示灯同时熄灭。此时，指示灯状态是无法正确代表断路器位置状态的。

所以，可以得出结论：以位置继电器触点或断路器辅助触点启动的指示灯都可以表示断路器的状态，但是，位置继电器能启动的指示灯还可以监视操作回路，断路器辅助触点启动的指示灯则无此功能。但是也必须注意到另外一个问题，在"控制回路断路器"发生时，依靠位置继电器是无法得到断路器的正确状态的，而使用断路器辅助触点则可以得到正确的信号。

第 8 章

110kV 线路二次接线

这一章分析的重点是：对一个 110kV 线路间隔而言，相关的全部二次设备之间是如何配合的。在变电站自动化系统中，针对 110kV 线路间隔配置的二次设备主要包括：微机线路保护装置（含操作箱）、微机测控装置、断路器机构箱控制回路。本章选择的模型是 RCS-941A（南瑞继保公司产品，数字式输电线路成套保护装置，含微机操作箱）＋CSI-200E（北京四方继保自动化有限公司产品，数字式综合测控装置）＋LW25-126（西安西开高压电气股份有限公司产品，SF$_6$ 绝缘弹簧机构断路器）。

8.1 RCS-941A 微机保护装置

RCS-941 是南瑞继保公司生产的广泛用于 110kV 线路的微机保护装置，可作为 110kV 线路的主保护及后备保护。RCS-941A 配置的三段相间和接地距离保护、四段零序方向过流保护和低周保护；配备三相一次重合闸、过负荷告警、频率跟踪采样功能；配备操作箱及交流电压切换回路。

8.1.1 主要技术指标

（1）直流电源：220V 或 110V。直流电源包括保护装置的工作电源即保护电源、操作箱的控制电源即操作电源、电压切换回路的控制电源。110kV 变电站多采用 220V 电压等级。

（2）交流电压：100$/\sqrt{3}$（额定相电压）。从电压互感器二次侧输入 RCS-941A 用于继电保护功能的交流电压，数值为相电压值。

（3）交流电流：5A 或 1A（额定电流）。从电流互感器二次侧输入 RCS-941A 用于继电保护功能的交流电流，110kV 变电站多采用 5A 规格。

（4）额定频率：50Hz 或 60Hz。中国电力系统的交流电压、交流电流的频率为 50Hz，国外有工频为 60Hz 的电力系统。

8.1.1.1 电源回路

RCS-941A 的电源回路如图 8-1 所示。

从同一电源干线经不同空气开关引出的不同电源分支，其开关投退相互独

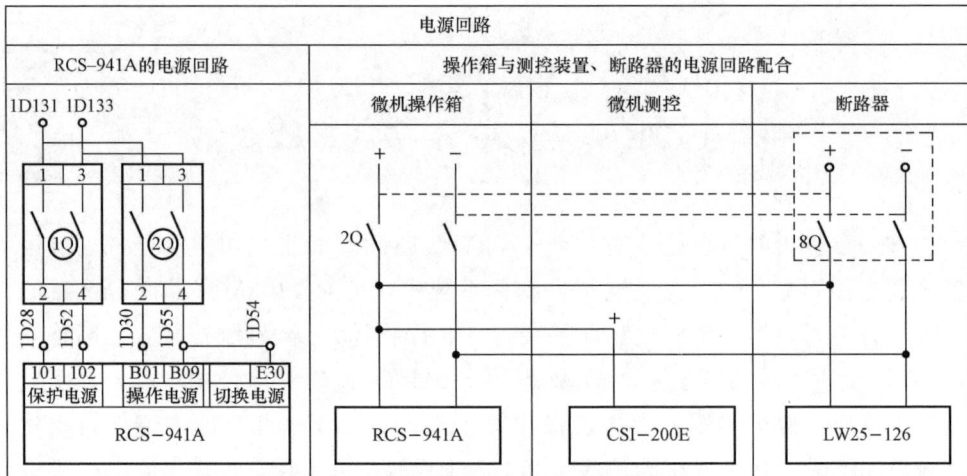

图 8-1　RCS-941A 电源回路图

立，可视为来自不同的电源。从图 8-1 左侧可以看出，空气开关 1Q、2Q 的输入端来自同一个电源（例如屏顶直流小母线），其输出端分别进入 RCS-941 的两个不同功能模块，则我们即可认为 RCS-941 的保护电源、操作电源来自不同的电源。

规程要求保护电源与操作电源必须分开，按照上述的方法可以实现；规程要求一个断路器的操作回路只有一个电源，按照图 8-1 右侧所示接线方式可以实现。操作电源从 2Q 接入 RCS-941A 的操作回路后，通过控制电缆将控制回路电源正极接至测控装置，通过控制电缆将控制回路电源正负极都接至断路器机构箱。图 8-1 中虚线框中的空气开关 8Q 安装在断路器机构箱内，在实际工程中，8Q 是不允许投入的。图 8-1 中虚线代表的控制电缆实际上也是不存在的。这里有两个问题要解释：为什么 8Q 不允许投入？为什么不将控制电路电源负极接至测控装置。

先来讲一下第一个问题。首先，重复一下第 4 章提到的一个观点：两个有源回路之间是不允许有电气联系的。如果存在浅灰色虚线，在直流电源进入 2Q 之前将其接入 8Q，则在 8Q 投入运行的情况下，断路器机构箱的控制电源（简称电源 3）与 RCS-941A 操作箱的控制电源（简称电源 2）就是两个不同的电源。那么，在图 8-1 中可以看出，在对断路器进行操作的时候，其实是电源 2 的正极与电源 3 的负极组成了回路，这是绝对不允许的。这种接线方式造成的一个最明显的事故情况就是：在 1Q 断开时，从理论上讲 RCS-941A 的操作箱已经断电，但是如果此时 8Q 投入，则实际上 RCS-941A 的操作箱是带电的。所以，一个断路器的操作回路（包括所有的参与设备）只能使用一个电源，即由一个空气开关控制所有相关回路的带电与否，这就解释了为什么浅灰色虚线不存在的问题。在没有浅灰色虚线的情况下，8Q 投入还是退出对断路器的控制没有什么实际影响，投入 8Q 只会使其输入端带电（即反送），所以一般在现场拆除 8Q。

第二个问题，即负极不接入测控装置的问题，因为牵涉到测控装置内部的接线，在下文 8.2.4.1 中再详细讨论。

8.1.1.2 电流开入回路

110kV 电压等级为大电流接地系统，110kV 线路发生单相接地故障时微机保护应动作跳闸，所以必须在三相都配电流互感器。

RCS-941A 的电流开入回路如图 8-2 所示。三相电流进入保护装置以后，分别经过采集元件后流出，在 1D6 端子处汇集在一起得到零序电流 I_0（正常情况下，$I_0 = 0$；线路发生不对称故障时，$I_0 \neq 0$），I_0 再次进入 RCS-941A 经过零序电流采集单元后接地。

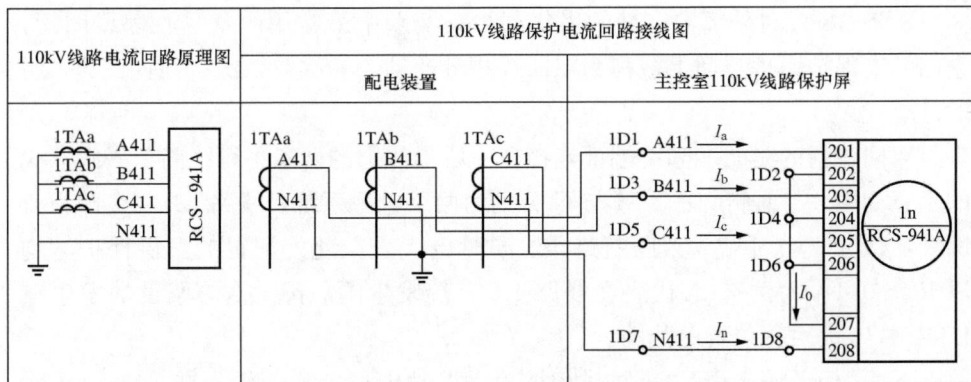

图 8-2　RCS-941A 电流开入回路图

电流进入 RCS-941A 后的工作过程不在本书的讨论范围内。

8.1.1.3 电压开入回路

RCS-941A 的电压开入回路在 4.3 中已经详细介绍，在此再补充一点。4.3 中是以主接线为双母线形式为例讲述电压切换原理为主，在主接线为单母线形式（含单母线分段、桥形接线，此类接线形式有一个共同点，即某一条线路被固定在某一段母线上）的情况下，不存在电压切换的问题，图 4-5 中启动回路取消，继电保护所需电压直接从电压并列装置接至"切换后电压输出或单母线电压输入"位置上。

若此线路接于单母线分段或桥形接线的Ⅰ段母线上，则电压从图4-3中输出端11取；若接于Ⅱ段母线上，则电压从图4-3中输出端21取。若主接线形式为单母线，则电压互感器二次回路只有重动而无并列，所有电气间隔的保护装置所需交流电压均从输出端11取。此时，2KCE启动及展开接线回路全部取消。

线路电压互感器二次电压（U609、N600）表示的是线路的电压情况（是否带电，电压相位等），一般用于检无压、检同期（有压）判断。需要提到的一点是，线路电压互感器二次电压与母线电压互感器二次电压的接地点是在一起的。

综上所述，以单母线分段接线、110kV线路接在Ⅰ段母线上、配置线路电压互感器为例，图4-5等效为图8-3。

电压进入RCS-941A后的工作过程不在本书的讨论范围内。

8.1.1.4 数字量开入回路

RCS-941A对外部数字量的采集很少，实践中最常用的就是收邻线闭锁，它的继电保护原理习惯上被称为双回线相继速动，一次及二次接线如图8-4所示。

双回线指的是始端和终端都连接在一段母线上的两条平行线路，一次接线的示意如图8-4上侧所示。M与N分别为两个电源系统，线路L1、L2即为双回线，1、2、3、4代表线路断路器，同时也代表在此处配置的微机保护（均以RCS-941A为例），A代表在线路L1末端发生的故障，B为假设的发生在L2末端与A对称位置的故障。

下面简单分析一下"双回线相继速动"功能的动作逻辑。在A发生故障时，最理想的情况就是保护1、2动作跳闸断路器1、断路器2以隔离故障点，断路器3、4继续运行。实际上，在A处发生故障时，对保护1、2、3而言均为正方向故障，由于A处是在L1线路末端，保护1、3无法区分故障点是在A处还是B处，所以无法确定该由谁跳闸。于是，采用了以下方法：发生故障时，保护1、3的距离Ⅲ段元件均启动，等待设定的出口时限结束发出跳闸指令；同时，保护1、3的FX-1触点都闭合（此触点在图8-5中可见），闭锁另一条线路的对应保护装置的距离Ⅱ段保护出口（即保护1禁止保护3的距离Ⅱ段出口，保护3禁止保护1的距离Ⅱ段出口；保护2、4的闭锁关系类似）；

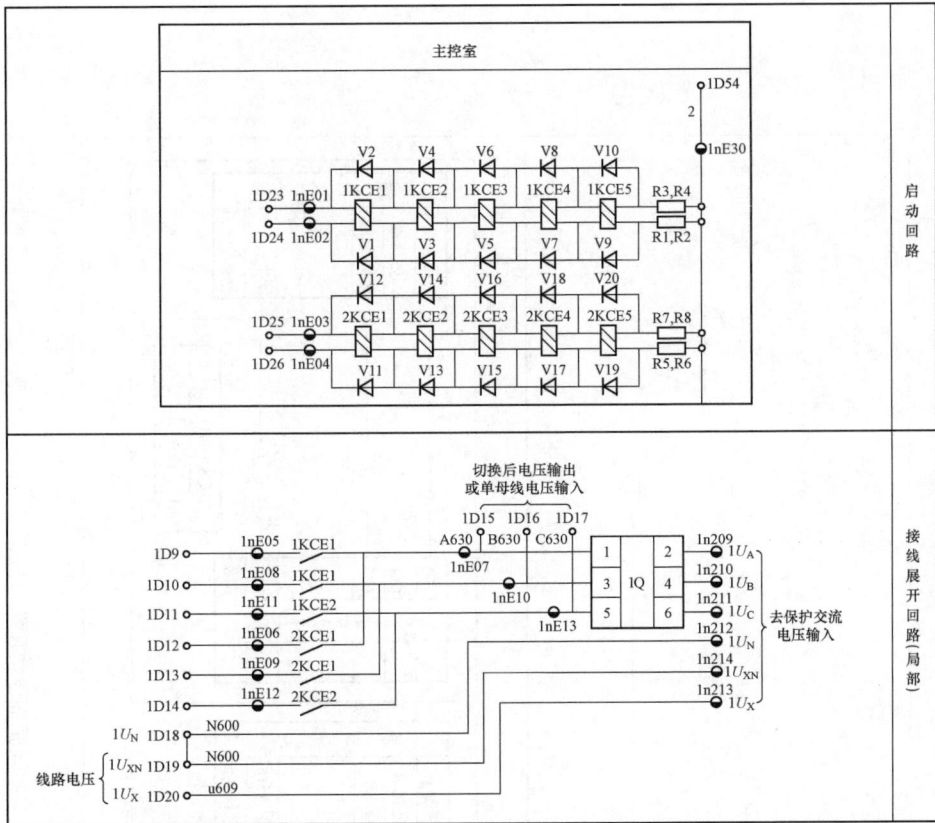

图 8-3　RCS-941A 电压开入回路图

同时，保护 2 动作后，其距离 I 段动作使断路器 2 跳闸，此时则可判断故障点在 A 处（如在 B 处，则应为保护 4 动作使断路器 4 跳闸），由于断路器 2 的跳闸使保护 3 与故障点隔离，所以保护 3 的距离保护启动元件返回，其 FX-1 触点断开，则保护 1 收不到闭锁信号，其距离 II 段经短延时出口使断路器 1 跳闸，从而隔断了故障点与电源的所有联系。相继速动实现了在没有配置快速保护的情况下，快速切除故障点，同时避免相邻线路的距离 II 段误动作跳开非故障线路。

　　图 8-4 下侧所示的数字量开入均属于 2.1.1.2 中所述的弱电（＋24V）开入回路。在闭锁重合闸等回路中，是用连接片来代替接点实现相应的功能。其实，连接片不就是手动控制的动合触点吗？从电路学的角度来讲，只要将＋24V 的电源接至 RCS-941A 的 611、618，那么对应的功能就会被启动，这才是二次回路的关键。

M   N

L1   1   2

L2   3   4

A   B

输　入　触　点

+24V
公共端
置检修状态
闭锁重合闸
收邻线闭锁

1D78
1D79   1XB14
1XB5   …
1D82   1XB13

104
614
603
611
618

RCS-941A(L1)
901   FX-1   902

R C S - 9 4 1 (L1)

输　入　触　点

+24V
公共端
置检修状态
闭锁重合闸
收邻线闭锁

1D78
1D79   1XB4
1XB5   …
1D82   1XB13

104
614
603
611
618

RCS-941A(L2)
901   FX-1   902

R C S - 9 4 1 A (L2)

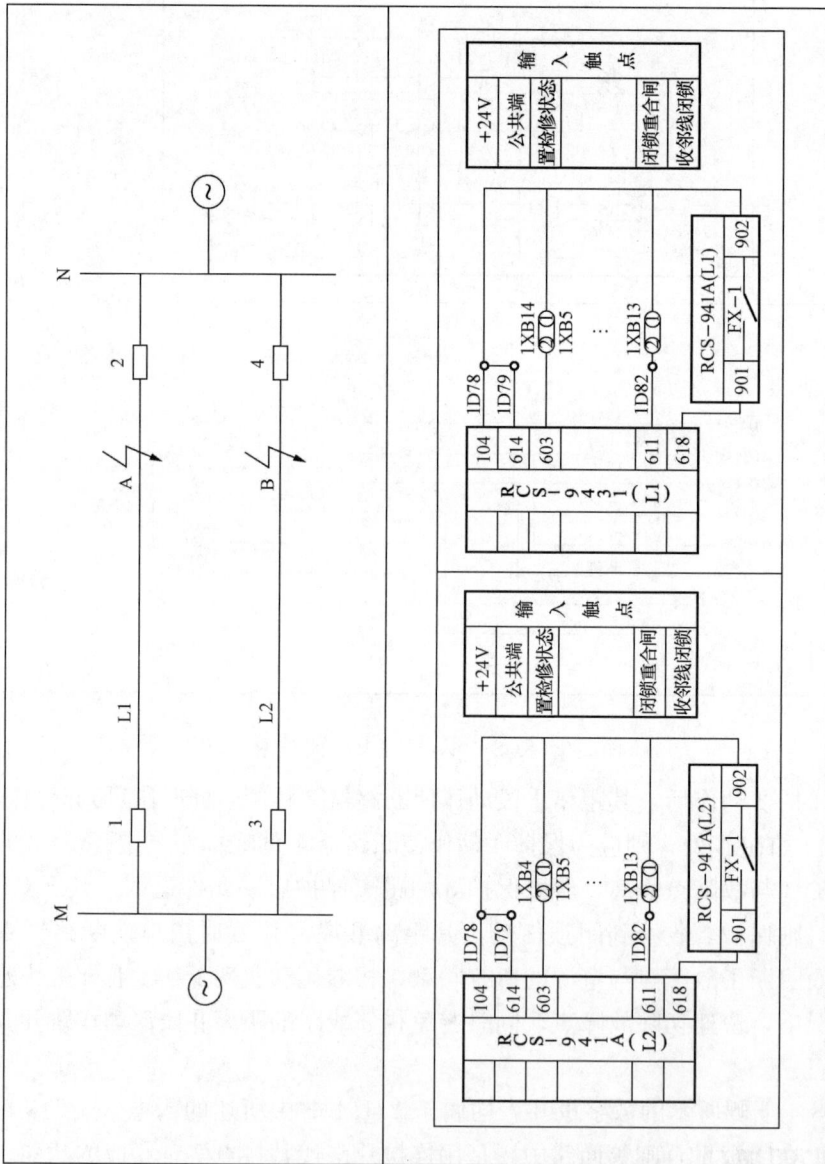

图 8-4　双回线相继速动接线原理图

8.1.1.5 开出回路

开出是一个很笼统的概念，在 2.1.2 中已经详细介绍了微机保护装置的开出。具体到 RCS-941A 装置，其开出回路如图 8-5 所示。

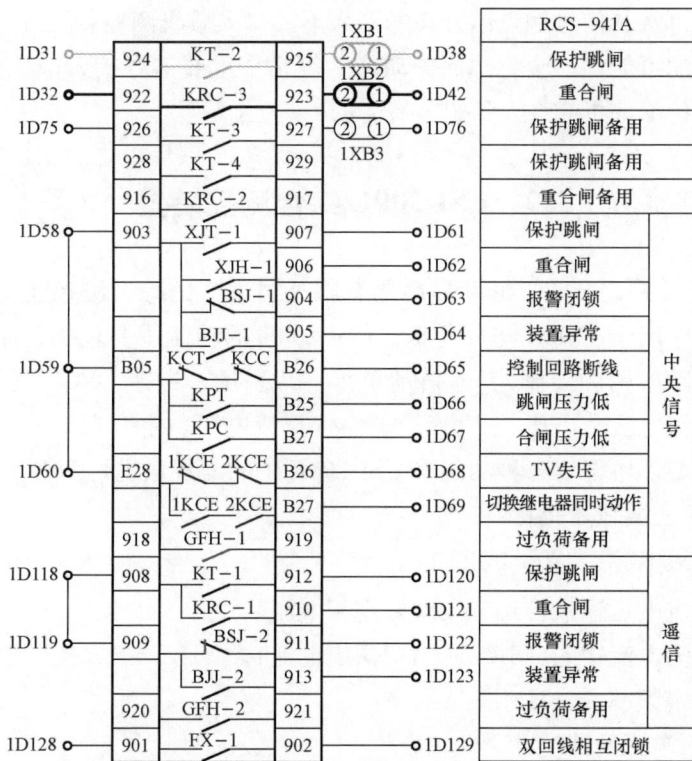

端子	编号	触点	编号	XB	端子	RCS-941A
1D31	924	KT-2	925	1XB1 ②①	1D38	保护跳闸
1D32	922	KRC-3	923	1XB2 ②①	1D42	重合闸
1D75	926	KT-3	927	②①	1D76	保护跳闸备用
	928	KT-4	929	1XB3		保护跳闸备用
	916	KRC-2	917			重合闸备用
1D58	903	XJT-1	907		1D61	保护跳闸
		XJH-1	906		1D62	重合闸
		BSJ-1	904		1D63	报警闭锁
		BJJ-1	905		1D64	装置异常
1D59	B05	KCT KCC	B26		1D65	控制回路断线
		KPT	B25		1D66	跳闸压力低
		KPC	B27		1D67	合闸压力低
1D60	E28	1KCE 2KCE	B26		1D68	TV失压
		1KCE 2KCE	B27		1D69	切换继电器同时动作
	918	GFH-1	919			过负荷备用
1D118	908	KT-1	912		1D120	保护跳闸
		KRC-1	910		1D121	重合闸
1D119	909	BSJ-2	911		1D122	报警闭锁
		BJJ-2	913		1D123	装置异常
	920	GFH-2	921			过负荷备用
1D128	901	FX-1	902		1D129	双回线相互闭锁

（中央信号：保护跳闸～过负荷备用；遥信：保护跳闸～双回线相互闭锁）

图 8-5 RCS-941A 开出回路图

图 8-5 中，浅灰色部分为保护跳闸触点，保护动作后此触点闭合；黑加粗部分为重合闸触点，重合闸启动后此触点闭合。这两组触点对应了 2.1.2.1 所述的操作指令开出类型，同时对应于 5.1.2 所述的无源触点的概念，因为只有将这两组无源触点接入操作箱的对应回路中，由操作箱提供给它们正电源，才能在动作后启动对应的断路器控制回路，详见图 7-1。

在图 8-5 中，中央信号类触点、遥信类触点，都属于 2.1.2.2 所述的信号输出开出类型。在以往的常规变电站中，中央信号类触点接入变电站当地的中央信号系统，根据信号类别启动灯光或音响；遥信类触点接入 RTU 远传给调度中心。可以看出，这两套信号触点中，表示同一含义的触点是不同的，区别在于：中央信号的触点在动作后会一直保持在动作后的状态，需要按下复归按钮或收到远方复归命令才会返回原状态；遥信的触点为瞬时触点，触点在动作后会自动返回初始状态。

在变电站自动化系统中，由于微机保护的信号可以通过网络传输至后台系统，一般不再将其信号触点以开关量开入形式接入微机测控装置。有时，考虑到网络故障的可能性，会将"保护动作"等几个主要信号接入微机测控装置，以增加信号传输的可靠性。

8.2 CSI-200E 综合测控装置

CSI-200E 是北京四方继保自动化有限公司生产的综合测控装置，按间隔设计，广泛应用于 110kV 电压等级。CSI-200E 的功能主要包括：遥控（断路器及采用电动机构的刀闸）、遥信量采集（状态量、告警、BCD 码等）、交流量采集（交流电流、电压）、直流量采集（直流电压、主变温度）等。根据工程的实际需要，可以对各种功能在 CSI-200E 中的配置量进行调整。

8.2.1 主要技术指标

（1）直流电源：220V 或 110V。

（2）交流电压输入：$100/\sqrt{3}$（额定相电压）。

（3）交流电流输入：5A 或 1A（额定电流）。

（4）额定频率：50Hz。

8.2.2 电源回路

CSI-200E 的电源回路与 RCS-941A 的区别很明显，它只有工作电源而没有操作电源，这是因为它不配置操作回路的缘故。其实，在使用独立操作箱的时代，类似 RCS-941A 这样的微机保护装置也只有工作电源这样一个电源回路。

8.2.3 电流电压开入回路

CSI-200E 的电流电压开入回路如图 8-6 所示。电流开入回路的原理与 RCS-941A 类似，区别在于 CSI-200E 不考虑对零序电流的采集，即没有图 8-2 中的深灰色部分。

CSI-200E 没有类似 RCS-941A 的电压切换回路，它的电压开入点是固定的。对于单母线分段之类的主接线形式，可以根据本条线路所在母线，很容易地从图 4-3 中找到 CSI-200E 的开入电压来源，输出端 11 或者输出端 21。

GD1 ＋ ① 1-32DK ② 1-32-16D1 1-32n16-24 电源回路
1-32n
CSI200E
GD10 － ③ ④ 1-32-16D6 1-32n16-28

CSI200E

CSI200E

32-1D8	I_A	32n01-2	32n01-1	A相	交流电流回路
32-1D9	I_B	32n01-4	32n01-3	B相	
32-1D10	I_C	32n01-6	32n01-5	C相	
32-1D14	I_N			N相	

来自4-5中"切换后电压输出或单母线电压输入"

32-1D1	U_A	32n1-2c	A相	交流电压回路
32-1D2	U_B	32n1-4c	B相	
32-1D3	U_C	32n1-6c	C相	
32-1D4	U_N	32n1-8c	N相	

线路电压

| 32-1D5 | U_{XN} | 32n1-24c | 线路电压 |
| 32-1D6 | U_X | 32n1-22c | |

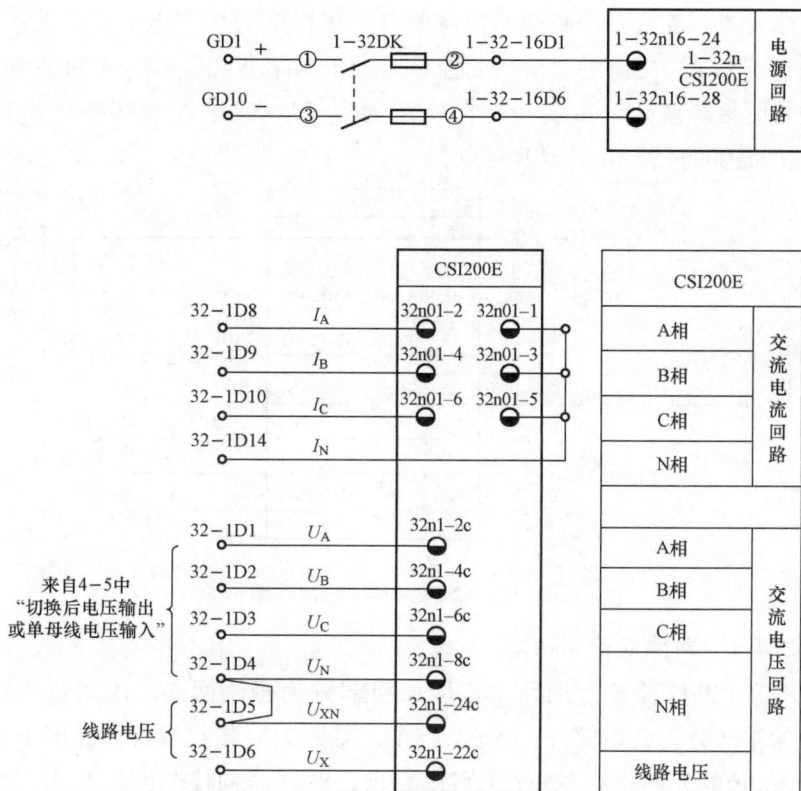

图 8-6 CSI-200E 电流电压开入回路图

那么，对于主接线为双母线形式的线路，从哪里取电压呢？重新分析 RCS-941A 的电压切换回路即图 4-5。图中的"切换后电压输出或单母线电压输入"这个位置点值得注意，在 8.1.1.3 及图 8-3 中已经讲了"单母线电压输入"的使用方法，那么"切换后电压输出"就是输出给 CSI-200E 以及其他一切需要与微机保护电压保持一致电压的二次设备。

由此可以得出结论：一个接于双母线的电气设备的所有二次设备公用一个"电压切换回路"。基于前文的思路可以认为，同操作箱一样，"电压切换回路"也是 RCS-941A 自带的一个与其继电保护功能无关的独立回路，也就是说，RCS-941A 其实是三个独立装置的集合体。

8.2.4 控制回路

CSI-200E 的控制回路其实就是开出回路，包括断路器控制回路、电动机构控制回路，所有的微机测控装置的控制回路都可以归为这两类。一般来讲，一台测控装置只配置一个断路器控制回路，可以配置多个电动机构控制回路，这也对应了 2.1 中提到的"微机测控是对应于断路器配置的"。CSI-200E 的控制回路如图 8-7 所示。事实上，在所谓的 CSI-200E 的控制回路中，真正由 CSI-200E 提供的只是几对无源触点。

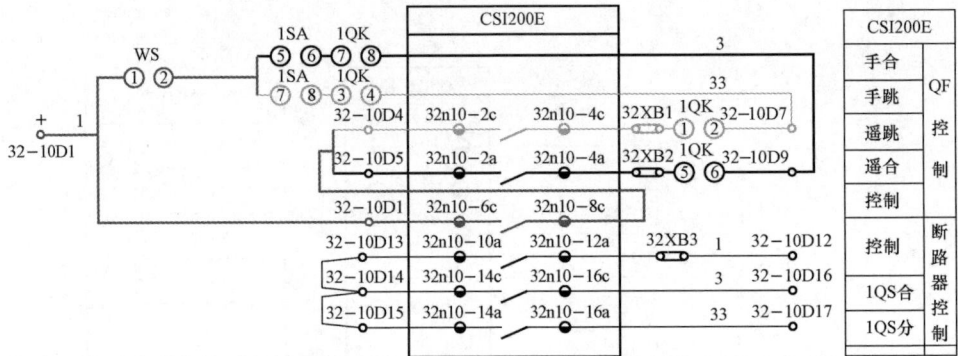

图 8-7　CSI-200E 控制回路图

8.2.4.1　断路器控制回路

图 8-7 中断路器控制回路中，黑加粗部分为合闸回路，浅灰色为跳闸回路，灰加粗部分为公用部分。WS、1SA、1QK 为安装在微机测控屏上且独立于 CSI-200E 的元件。从图 8-7 中可以看出，断路器的控制回路其实有两条完全独立的路径：一条通过 WS、1SA、1QK 的就地触点发出指令，另一条通过 CSI-200E 的控制触点、1QK 的远方触点发出指令。这两条路径是并联的关系，但是由于 1QK 的状态只能在就地、远方之一，所以这两条路径不可能同时导通。

WS 指的是微机五防系统中安装在微机测控屏上的电气五防锁，在将电脑钥匙插入此电气锁后，若按照程序要求应该操作此断路器，则可以认为 WS 的两个触点被短接，正电源到达 1SA；若按照程序不应该操作此断路器，则 WS 的两个触点为开路状态，正电源被阻断在 WS 的①处。如此，即实现了防止误操作断路器的功能。但是也可以看到，利用 CSI-200E 的控制触点操作断路器是不受 WS 影响的，那么是否就意味着这种操作模式不安全呢？答案是否定的。微机五防系统和变电站自动化系统的软件可以实现相互配合，通过这种"软五防"的方式来保证变电站自动化系统后台软件操作顺序的正确性。

8.2.4.2　电动机构控制回路

图 8-7 下侧就是 CSI-200E 中针对电动机构的控制触点。在变电站中，使

用电动机构的开关电器有很多种，常见的有隔离开关、接地开关、负荷开关等，它们的电动机构原理是非常类似的。就控制回路整体而言，电动机构与断路器的最大区别就是：电动机构的控制回路没有操作箱。

隔离开关电动机构的简化二次回路及其与 CSI-200E 的配合如图 8-8 所示。

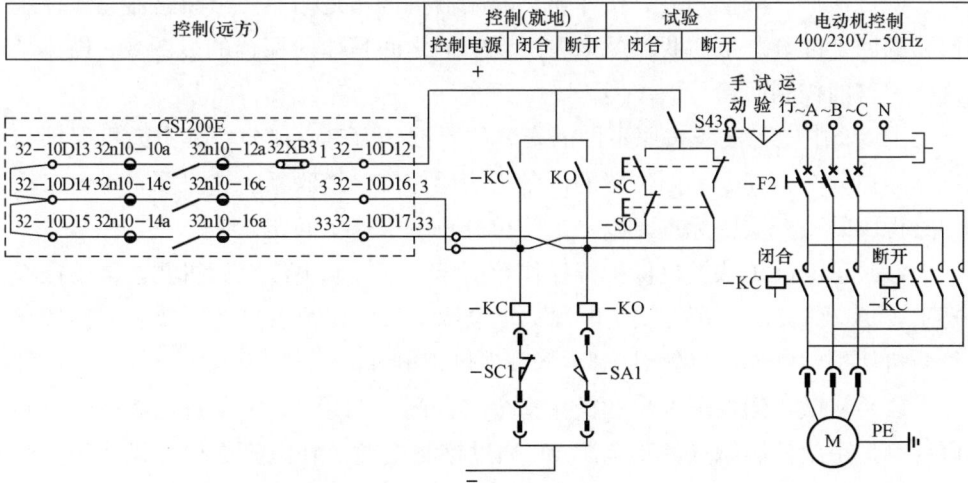

图 8-8　完整的电动机构控制回路图

图 8-8 中，S43 为运行/试验切换开关，KC 为合闸接触器，KO 为分闸接触器，SC 为合闸按钮，SO 为分闸按钮，SC1 为隔离开关动断辅助触点，SA1 为隔离开关动合辅助触点。

以合闸回路为例分析其动作过程：隔离开关电动机构的控制电源由直流馈线屏提供，在运行状态下，正电源"1"经控制电缆进入 CSI-200E，后台系统发出合闸指令后，CSI-200E 中控制此电动机构合闸的触点闭合，合闸指令"3"由 CSI-200E 发出经控制电缆进入电动机构，经 SC1 及相关联锁回路（图 8-7 中未示出）启动 KC，并由 KC 的动合触点实现自保持。同时，KC 的动合触点接通电动机 M 的电源，电动机旋转带动机械系统使隔离开关合闸。合闸到位后，隔离开关动断辅助触点 SC1 断开合闸回路。在试验状态下，S43 触点闭合，按下合闸按钮 SC 即可启动 KC。随后动作逻辑与上文相同。

分闸回路与合闸回路的电气原理类似。在电动机构控制回路中可以看出，分闸操作是通过使电动机电源的 A、C 相反接，电动机反向旋转带动机械系统反向运动（以上均为相对于合闸时的方向）完成的。

8.3　完整的断路器控制回路

微机保护、微机测控、操作箱、断路器机构箱是构成一个断路器完整控制回路的四个部分。下面我们就来看一看它们之间是如何配合的。图 8-9 描述了这个完整的控制回路。

图 8-9 中，各设备按照不同的安装位置被分为三个部分，其中微机保护与操作箱被分在一起。不同位置的设备之间用控制电缆联系。这张图是学习二次回路识图的一个重要标本。以下来简单分析一下这个回路。

（1）正电源 1 从微机保护屏操作箱引出，经控制电缆至微机测控屏给操作把手 1SA 及 CSI-200E 提供正电源；正电源 1 从操作箱引出，经装置内部接线给微机保护的动作出口触点 KC、KT 提供正电源。

（2）从微机测控屏发出的操作指令"合闸 3、跳闸 33"（其实就是经过一串控制把手或控制触点的正电源 1）通过控制电缆回到微机保护屏操作箱；微机保护动作后，其操作指令（其实就是经过 KC、KT 的正电源 1）经装置内部接线回到操作箱。

（3）操作指令"合闸 3、跳闸 33"经过操作箱的各种回路转变成操作指令"合闸 7、分闸 37"，经控制电缆至断路器机构箱；微机保护的操作指令经过操作箱的各种回路转变成操作指令"合闸 7、分闸 37"，经控制电缆至断路器机构箱。

（4）操作指令"合闸 7、分闸 37"到达断路器机构箱后，经机构箱内二次元件与负电源 2 形成回路，最终完成对断路器的操作。负电源 2 由微机保护屏操作箱提供。

在此分析基础上，微机测控屏上的红、绿指示灯与操作箱位置继电器触点的配合也就很容易理解了。以上分析同时也解释了在 8.1.1.1 中提到的"为什么控制回路电源负极不进入微机测控装置"的问题。以上分析均以断路器机构箱 43LR 在远方位置为前提。43LR 在就地状态时，由于其负电源由操作箱提供，所以其正电源也应由操作箱提供。

对任何一个微机操作箱，都可以用"4 个点"、"6 个点"、"8 个点"、"9 个

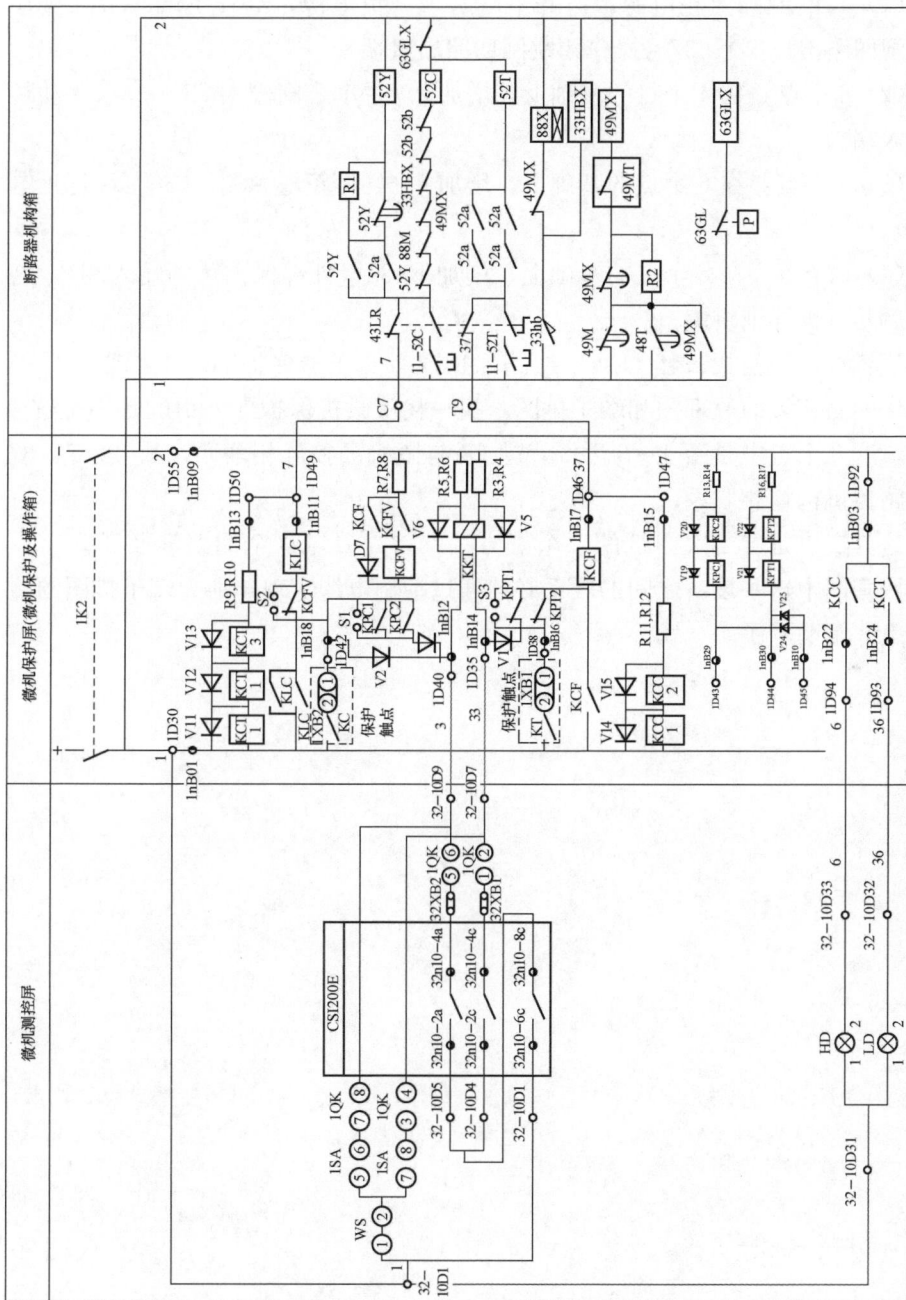

图 8-9 完整的断路器控制回路图

点"这四种方法来分析，以完成接线并理清回路走向。

（1）4 个点：1（正电源，空开下端）、2（负电源，空开下端）、7（操作箱合闸回路出口端）、37（操作箱跳闸回路出口端）。

（2）6 个点：在 4 个点的基础上，增加 3（手动合闸输入端）、33（手动跳闸输入端）。

（3）8 个点：在 6 个点的基础上，增加 6（红灯正电源端）、36（绿灯正电源端）。

（4）9 个点：在 8 个点的基础上，增加 R133（外部保护跳闸输入端）。这一点后几章再详细讲解。

读者可以随便找一套 110kV 线路保护或者变压器保护的二次图纸，看一下操作回路相关的原理图和端子排图，找一找从微机保护屏外引的是不是这 8 个点，这 8 个点中是否 1、3、33、6、36 与微机测控屏相联系，1、2、7、37 与断路器机构箱相联系。

这其实也是看二次图纸的一个好方法，首先确定这个回路涉及哪几个设备，原理图中这些设备之间的联系必然通过控制电缆实现，那么端子排图的接线也就非常明了了。

第 9 章

110kV 主变压器二次接线

　　电力变压器是电力系统重要的供电设备，它的故障将对供电可靠性和系统的正常运行带来严重的影响，因此必须根据变压器的容量和重要程度装设可靠的继电保护装置。在此简单谈一下变压器的继电保护配置，以便分析主变保护测控屏的设备组成。

　　变压器配置的继电保护可以分为本体保护和电气保护两类：变压器的本体保护也称为非电量保护，主要包括气体继电器动作、油位异常、油温异常等，这些现象可能是由变压器构造故障造成的，例如变压器漏油；也有可能是电气原因造成但由非电气量反映的，例如匝间短路导致变压器油产生气体进而启动气体继电器。变压器的电气保护依靠采集相关电流量、电压量完成。电气保护主要包括差动保护、电流速断保护、过负荷保护等。电气保护反映变压器间隔（此处指变压器各电压等级进线断路器配置的电流互感器之间的设备总和）的短路故障及接地故障以及变压器外部故障引起的变压器过电流等。

　　本章选用的主变压器模型是 SZ10-40000/110±8×1.25％/10.5kV，其含义为：主变压器容量为 40 000kVA，双绕组，电压等级为 110/10kV、自冷、有载调压。微机保护模型是南瑞继保公司产品：RCS-9671（差动保护）＋RCS-9681（高压侧后备保护测控）＋RCS-9682（低压侧后备保护测控）＋RCS-9661（非电量保护）＋RCS-9603（主变测控及有载调压），以上装置和操作把手、切换把手、复归按钮等组成一面主变压器保护测控屏，如图 9-1 所示，各元件型号和数量见表 9-1。

9.1　RCS-9671 微机型变压器差动保护装置

　　RCS-9671 为微机型变压器差动保护装置，适用于 110kV 及以下电压等级的双绕组、三绕组变压器，能够满足四侧差动的要求。差动保护动作出口后，跳闸变压器各侧进线断路器。

　　四侧差动：电力工程中应用的变压器，最多也只是三绕组变压器，"四侧"从何而来？在主变压器高压侧为内桥接线的三绕组变压器差动保护中，由于在

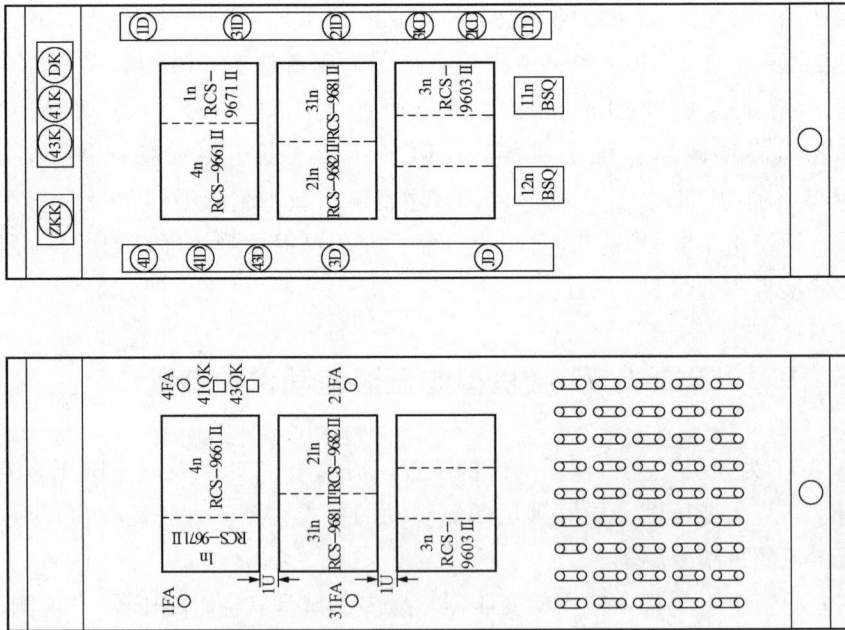

说明：本图纸可适用于高压侧为内桥接线的两卷变保护及测控其中 RCS-9681，RCS-9682 型微机变压器后备保护装置含测控功能，其"四遥"量接入的对应位置见装置端子排中"测控部分"。

就地 — 跳闸
就地 — 合闸 41,43QK
远控

序号	符号	名称	型号	数量	柜内适当位置 备注
15		交流照明灯	URTK/S	1	
14	41,43QK	试验端子(电流回路)	LW21-16D/49,4040,4	2	
13	Q	控制开关	S253S-B02	2	
12	41,43K	电源开关	S252S-B04-DC	2	
11	DK	电源开关	S252S-B02-DC	5	
10	XB	连接片	XH17-2T/Z	45	
9	XB	控组	LA42P-10/G	4	
8	12n	电压变送器	EPVX-V2-P2-F1-c8	1	测变电站电压
7	11n	温度变送器	EPT-T4-Y1-P2-c8	1	测变压器本体油温
6	3n	主变压器分接头调节及测控装置	RCS-9603 II	1	
5	4n	主变压器非电量保护装置	RCS-9661 II	1	
4	21n	变压器后备保护装置	RCS-9682 II	1	用于主变压器低压侧
3	31n	变压器后备保护装置	RCS-9681 II	1	用于主变压器高压侧
1	1n	变压器差动保护装置	RCS-9671 II	1	

背面

ZKK 43K 41K DK

1D 31D 21D 2QK 1D

1n RCS-9671 II
4n RCS-9661 II

31n RCS-9682 II / RCS-9081 II
2n
12n BSQ

3n RCS-9603 II
11n BSQ

4D 41D 43D 3D 1D

正面

1FA
31FA
4FA 41QK□ 43QK□ 21FA

1n RCS-9671 II
4n RCS-9661 II
1U

31n RCS-9681 II / RCS-9682 II 21FA
2n
1U

3n RCS-9603 II
3n

图9-1 110kV主变压器测控布置图

内桥断路器投入（两台主变压器并列运行或另一条高压进线有功率输出）的情况下，流入主变压器高压侧的电流实际是流过进线与内桥的电流之差，所以主变压器差动电流由高压侧、内桥、中压侧、低压侧四侧电流（I_1、I_2、I_4、I_5）差得，若主变压器高压侧差动电流从主变压器套管 TA 取得（即 I_3），则主变压器差动电流由高压侧、中压侧、低压侧三侧电流（I_3、I_4、I_5）差得，具体如图 9-2 左侧所示。

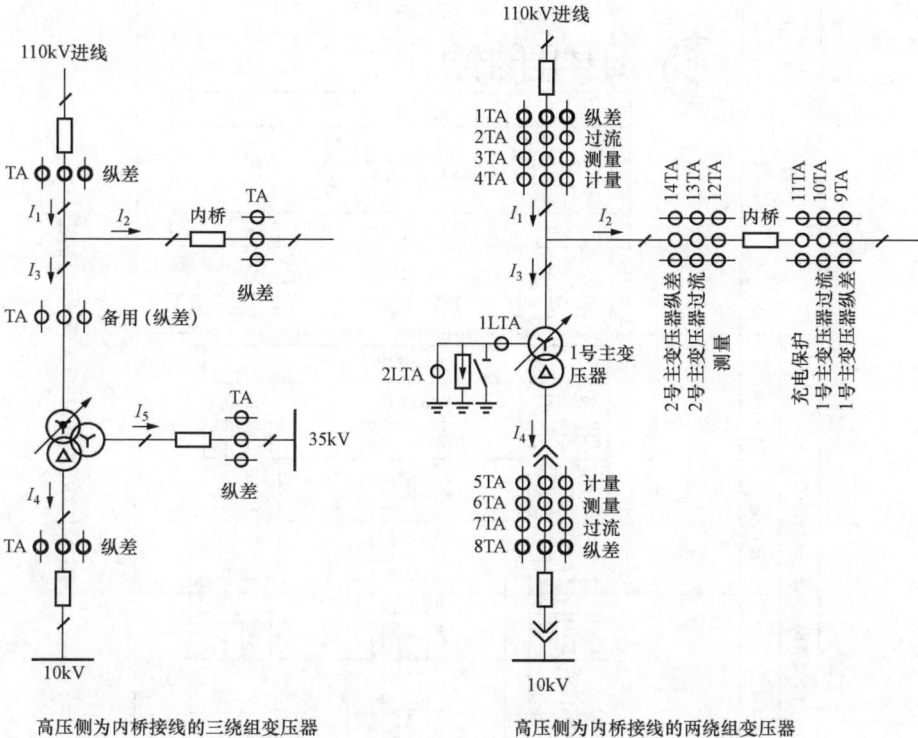

图 9-2　110kV 主变压器差动保护范围示意图

主变压器差动保护的保护范围是主变压器各侧电流互感器用于差动保护的二次绕组之间的全部设备，不仅仅是变压器本身，还包括导线、隔离开关等设备。在保护范围内设备正常运行时，理论上差动的电流应该是零；在保护范围内设备发生故障时，差动的电流即不为零，保护元件即被启动。

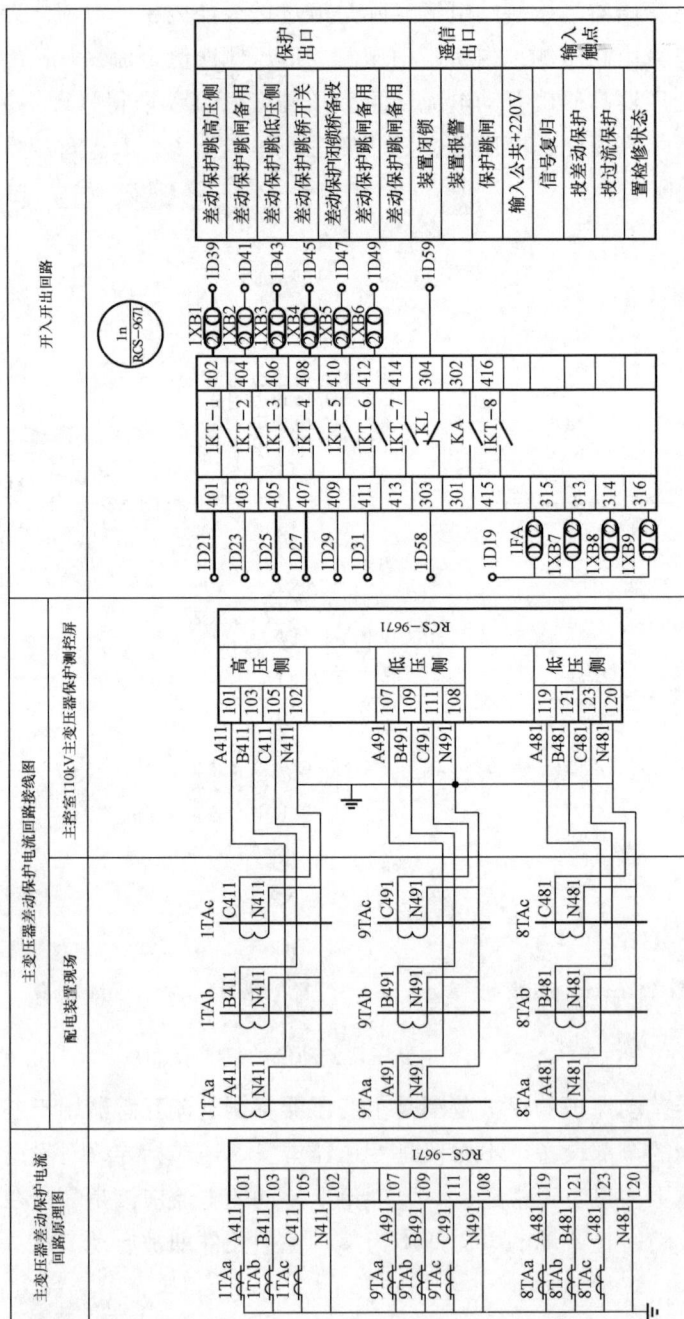

图 9-3 RCS-9671 开入开出回路图

9.1.1 电流开入回路

以图 9-2 右侧所示主接线为例，RCS-9671 的电流开入回路接线及保护出口触点如图 9-3 所示。图 9-3 中，电流开入回路接线与图 8-2 类似，不同点在于图 8-2 中用于 110kV 线路保护的电流互感器二次绕组中性点在室外配电装置处接地，而图 9-3 中用于差动保护的电流互感器二次绕组中性点在主控室 110kV 主变压器保护测控屏公用一个接地点接地。

9.1.2 电压开入回路

变压器电流差动保护不需要电压配合，所以 RCS-9671 没有电压开入回路。

9.1.3 数字量开入开出回路

RCS-9671 是微机保护装置，其开出只有无源触点，且均为跳闸继电器触点（"装置报警"等信号原则上不属于保护的范畴）。从图 9-3 来看，差动保护动作后会向主变压器各侧进线断路器发出跳闸指令，如黑加粗部分所示，其作用方式就是将这些无源接点接进各断路器的操作箱，参照 8.1.1.5 中的相关文字。关于主变压器差动保护对备自投逻辑的影响，将来在专门的章节里再详细讨论。这些跳闸继电器触点被定义为各种各样的用途，但是从电路学的角度来讲，这些无源触点的用途完全取决于它被串联接入了哪个回路，而且不论其最终用途如何，它们在最根本上代表的都是一个含义：主变压器差动保护动作跳闸。

RCS-9671 的数字量开入回路均为压板控制状态投退，且均为＋24V 电压回路，与前文 2.1.1.2 所述一致。

9.2 RCS-9681 和 RCS-9682 高、低压侧后备保护及测控装置

RCS-9681 为用于 110kV 电压等级变压器的高压侧后备保护及测控装置，其保护配置主要包括：三段复合电压闭锁过流保护、零序保护、过负荷发信号、过负荷启动主变风冷系统、过负荷闭锁有载调压。

RCS-9682 为用于 110kV 电压等级变压器的中、低压侧后备保护及测控装置，其保护配置主要包括：四段复合电压闭锁过流保护、过负荷发信号、零序过压报警。

与 RCS-9671 不同的是，RCS-9681 和 RCS-9682 带有测控功能，主要包括电流电压采集、遥信量采集、断路器控制等。

9.2.1　电流开入回路

RCS-9681 和 RCS-9682 的电流开入回路如图 9-4 所示，因为装置自带测控功能，所以每台装置都有两组电流开入，一组用于保护功能，一组用于测量功能，电流互感器二次绕组中性点均在室外配电装置处接地。

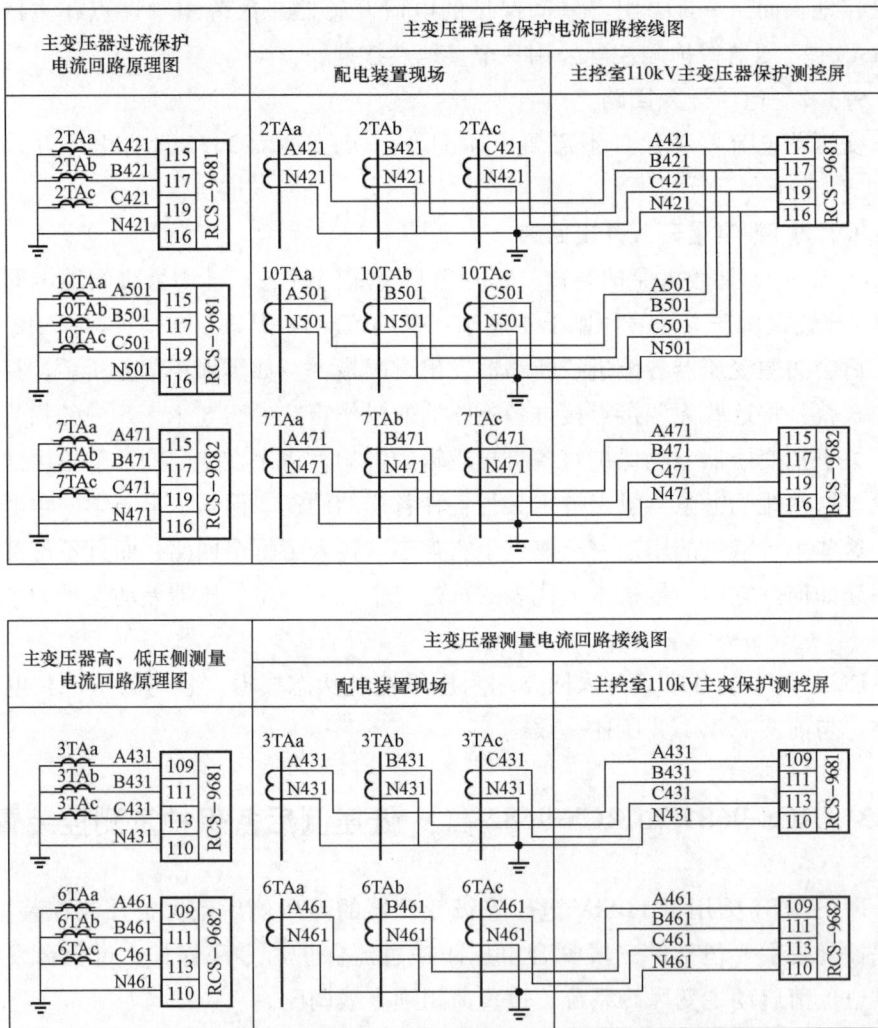

图 9-4　RCS-9681 和 RCS-9682 电流开入回路图

在图 9-4 中，进入 RCS-9681 保护回路的电流为两组电流互感器（2TA、10TA）二次绕组"并联"后得到的，根据基尔霍夫电流定律，进入 RCS-9681

的电流实际为 I_1 与 I_2 之差即 I_3。在采集方式上，RCS-9671 与 RCS-9681 不同的是，前者采集变压器各侧电流后计算差值，后者则需将变压器各侧电流差好后再输入采集单元。

9.2.2 电压开入回路

RCS-9681 和 RCS-9682 都不配置类似 RCS-941 自带的电压切换回路，其所需电压直接从图 4-3 中的输出端 11 取电压即可（本章主接线模型为内桥接线，且主变接于 I 段母线），本章不再详述。

如果 110kV 主接线为双母线，那么电压必须进行切换才能进入二次设备，此时需要加装专门的电压切换装置，例如南瑞公司的 RCS-9662B。目前，此类装置在双母线接线形式下应用非常广泛。在第 8 章中提到过，RCS-941 的电压切换回路是完全独立于其保护功能的，因此将其单独组成一台装置是可行的；测控装置 CSI-200E 从 RCS-941A 的电压切换回路取电压，从结构上来讲也不是很合理。在配置了专用的电压切换装置以后，取消微机保护自带电压切换回路的接线，整个间隔的二次电压分配回路就很清晰了：电压切换装置处于公用的地位，微机保护、微机测控以及其他需要取电压的二次设备以一种并联的关系从电压切换装置处取得电压。

9.2.3 数字量开入开出回路

RCS-9681 和 RCS-9682 为微机保护、测控一体化装置，所以其开出包括保护部分的无源出口触点、测控部分的断路器和电动机构控制，开入包括＋24V 的压板控制状态投退及外部开关量开入。开入回路相对简单，参照前文相关文字即可，在此不再赘述，以下主要分析开出回路。

9.2.3.1 RCS-9681 的开出回路

RCS-9681 的开出回路如图 9-5 所示。

RCS-9681 有三组保护跳闸出口触点，分别归类为：出口 1（SM1）、出口 2（SM2）、出口 3（SM3）。习惯上，出口 2 的触点用于主变压器各侧断路器跳闸，出口 1、3 可由用户选择用途（图 9-5 中对出口 1、3 所作注释仅为推荐用途，从电路学角度出发，将其统一更改为"高后备跳闸出口备用"更为恰当）。

除去保护跳闸出口，即图 9-5 中 KT 系列动合触点，RCS-9681 还提供两个反应于过负荷的保护触点，一个动断触点用于闭锁有载调压，即通常所说的"过负荷闭锁有载调压"；一个动合触点用于启动主变风冷系统，即"过负荷启动风冷"。这两个触点的作用途径很简单，在此，主要结合这两个触点分析一下闭锁及其实现方式。

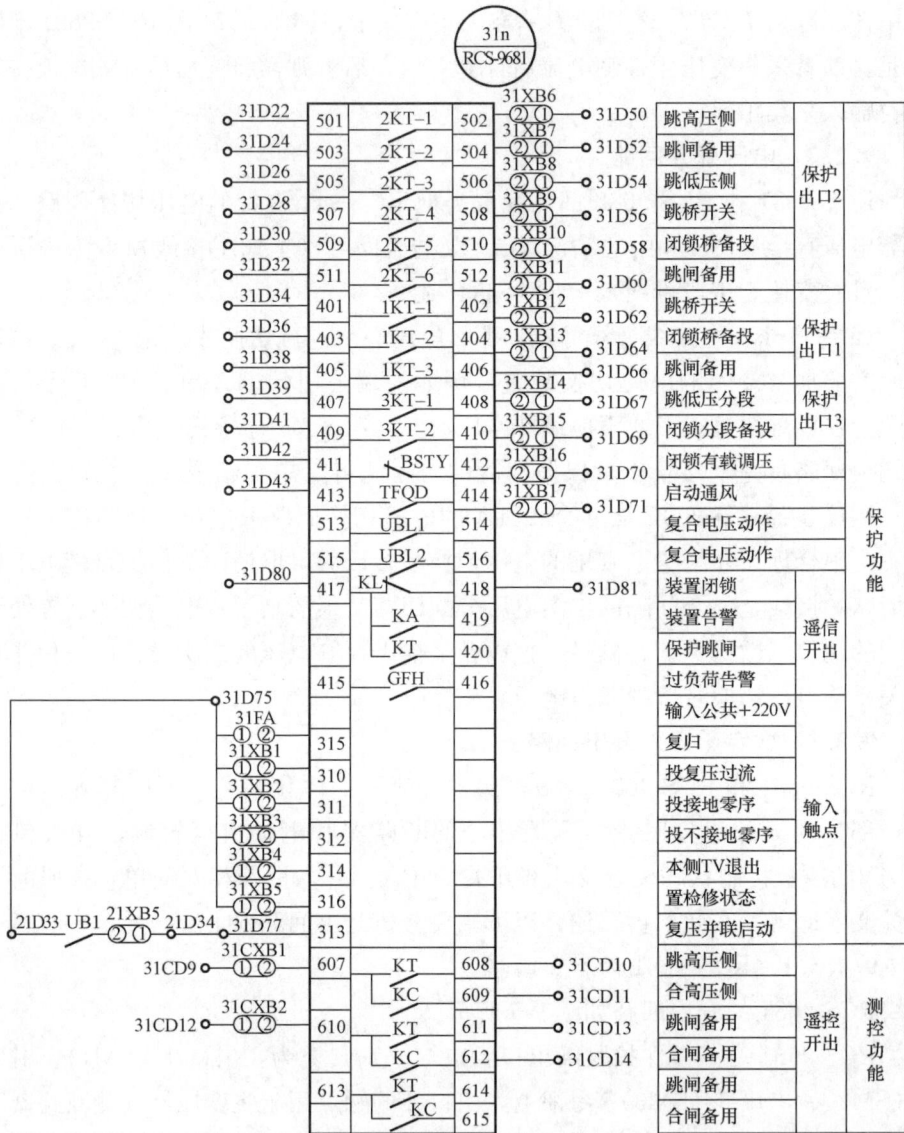

图 9-5 RCS-9681 开出回路图

左端子	左脚	器件	右脚	接点	右端子	说明	功能组	
31D22	501	2KT-1	502	31XB6 ②①	31D50	跳高压侧	保护出口2	保护功能
31D24	503	2KT-2	504	31XB7 ②①	31D52	跳闸备用		
31D26	505	2KT-3	506	31XB8 ②①	31D54	跳低压侧		
31D28	507	2KT-4	508	31XB9 ②①	31D56	跳桥开关		
31D30	509	2KT-5	510	31XB10 ②①	31D58	闭锁桥备投		
31D32	511	2KT-6	512	31XB11 ②①	31D60	跳闸备用		
31D34	401	1KT-1	402	31XB12 ②①	31D62	跳桥开关	保护出口1	
31D36	403	1KT-2	404	31XB13	31D64	闭锁桥备投		
31D38	405	1KT-3	406		31D66	跳闸备用		
31D39	407	3KT-1	408	31XB14	31D67	跳低压分段	保护出口3	
31D41	409	3KT-2	410	31XB15	31D69	闭锁分段备投		
31D42	411	BSTY	412	31XB16	31D70	闭锁有载调压		
31D43	413	TFQD	414	31XB17 ②①	31D71	启动通风		
	513	UBL1	514			复合电压动作		
	515	UBL2	516			复合电压动作		
31D80	417	KL1	418		31D81	装置闭锁	遥信开出	
		KA	419			装置告警		
		KT	420			保护跳闸		
	415	GFH	416			过负荷告警		
31D75						输入公共+220V	输入触点	
31FA ①②			315			复归		
31XB1 ①②			310			投复压过流		
31XB2 ①②			311			投接地零序		
31XB3 ①②			312			投不接地零序		
31XB4 ①②			314			本侧TV退出		
31XB5 ①②			316			置检修状态		
21D33 UB1 21XB5 ②① 21D34 31D77			313			复压并联启动		
31CXB1 ①② 31CD9	607	KT	608		31CD10	跳高压侧	遥控开出	测控功能
		KC	609		31CD11	合高压侧		
31CXB2 ①② 31CD12	610	KT	611		31CD13	跳闸备用		
		KC	612		31CD14	合闸备用		
	613	KT	614			跳闸备用		
		KC	615			合闸备用		

从字面意思讲，闭锁是"使……不能……"的意思。"过负荷闭锁有载调压"就是主变压器过负荷时，使有载调压不能动作，而"过负荷启动风冷"的意思就是主变压器过负荷时，启动风冷系统，这是很好理解的。那么，"过负荷启动风冷"算不算闭锁呢？应该说，这不是闭锁的范畴，因为它代表的是一个主动的动作启动，而且闭锁一般都是靠动断触点实现

的，表示"过负荷启动风冷"的是一个动合触点，怎么能算闭锁呢？但是，如果从另外一个角度来理解这句话，也可以描述为主变压器不过负荷时，使风冷系统不能动作呢？这样就可以得到一个结论：用状态 A 发生时打开的动断触点闭锁 B 回路时，在一般情况下，闭锁功能是关闭的，即 B 回路不受闭锁，只有在 A 发生时，B 回路才被闭锁，即长期允许，短时闭锁；用状态 A 发生时闭合的动合触点闭锁 B 回路时，在一般情况下，闭锁功能是放开的，即 B 回路受闭锁，只有在 A 发生时，B 回路才被允许，即长期闭锁，短时允许。如此说来几乎所有的控制回路都可以被说成闭锁回路，反而更混乱了。所以，本书提到这个问题只是提供一种分析二次回路的方法，关于闭锁的概念，仍然沿用习惯的说法。

以下分析一下闭锁的一些基本概念。变电站内配电装置的闭锁包括两类：机械闭锁和电气闭锁。

所谓机械闭锁，就是采用简单的力学原理，依靠机械结构比如连杆、梢子等使某个元件不能动作。例如，隔离开关在合位时，与它配套的接地开关是无法合闸的，因为操作接地开关的旋转机构此时被卡住了，操作杆根本转不动；10kV 开关柜的断路器在合位时，中置柜的手车无法拉出，XGN 柜的隔离开关也无法操作，这都属于机械闭锁的范畴。几乎所有的机械闭锁都属于"五防"的范畴。

所谓电气闭锁，顾名思义就是在控制电路中增加用于闭锁的触点，使该回路的导通受到某种限制。常见的电气闭锁也有很多，有些属于五防的范畴：比如将断路器的动断触点串联接入配套隔离开关的电动操作回路，实现断路器在合位不能操作隔离开关的功能；GIS 中各间隔之间断路器、隔离开关与接地开关电动机构之间的相互闭锁；微机五防系统中的电气编码锁，如图 8-7 中的WS。有些不属于五防的范畴：例如过负荷闭锁有载调压、SF_6 压力低闭锁操作等，它们都只是一般的功能性闭锁。

以下主要从二次回路的角度分析一下电气闭锁的动作逻辑。仍然以图 5-1 所示的灯泡回路为模型，修改后的回路如图 9-6 所示。假设这个灯泡在一个房间里，每个进来的人都可以通过按下开关 S 使其带电发光。现在有一个人 C 要在这个房间休息，如何实现有人休息禁止开灯的功能呢？方法一：机械闭锁，用一个绝缘体把开关卡住，使 S 按不下去。方法二：电气闭锁，增加一个开关 S2 串联接入电路中，C 在休息时将 S2 置于断开位置，则可以防止别人使用 S 开灯，S2 的断开触点则可被定义为有人休息禁止开灯。将方法二变换为继电器实现方式，则得到方法三：C 在休息前按下 S2，则中间继电器 KM 被启动，此时代表有人休息即情况 A 发生；KM 的动断触点串联在灯泡回路即 B 回路中，KM 的动断触点打开后，即实现对灯泡回路的闭锁。事实上，方法三中虚线框内的回路可以被认为是任何一个需要被闭锁的回路，那么就得到闭锁的最基本电路原理：将代表情况 A 发生时打开的动断触点串联接入 B 回路的干路中（因为 B 回路只是一个泛称，其内部可能包含多条回路），那么就可以实现情况 A 闭锁 B 的功能了。

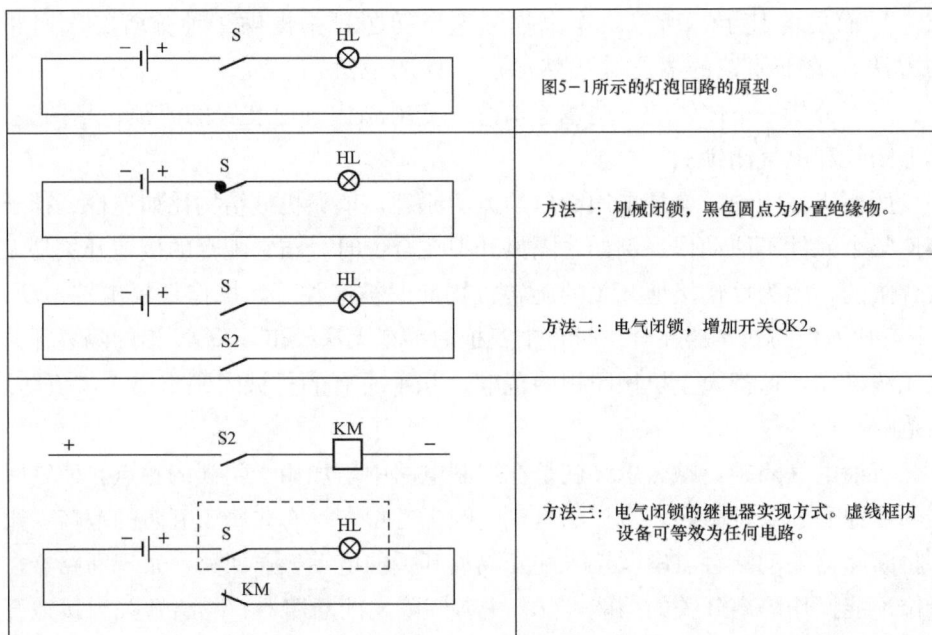

图 9-6　闭锁回路逻辑示意图

RCS-9681 还带有 3 组断路器控制出口，图 9-5 中引出两组至端子排，实际使用的只有其中一组。该控制触点接入主变压器 110kV 侧进线断路器的操作箱，用于控制该断路器的跳闸、合闸，具体逻辑可参照前文 8.2.4.1 中相关内容。

9.2.3.2 RCS-9682 的开出回路

RCS-9682 的开出回路如图 9-7 所示，其与 RCS-9681 功能相似，区别仅在于因为继电保护功能的不同造成的出口多少。

怎样看 110kV 变电站典型二次回路图

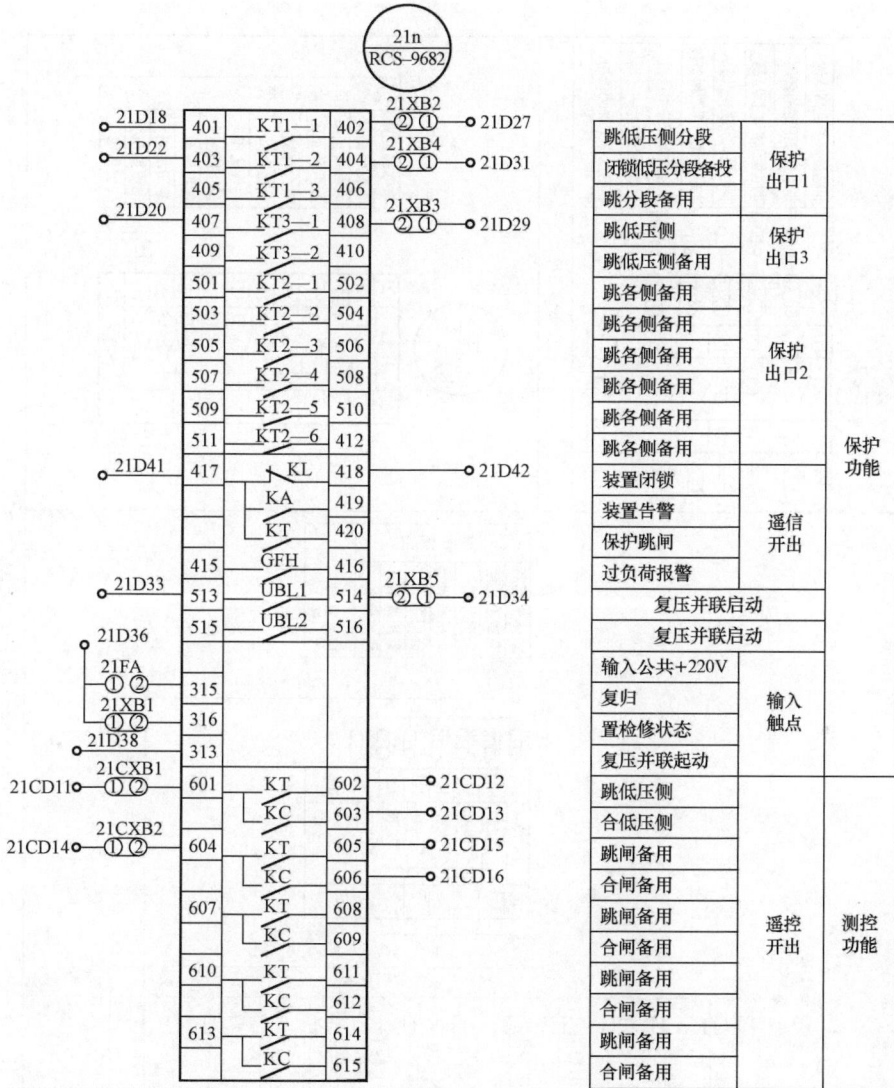

图 9-7 RCS-9682 开出回路图

跳低压侧分段	保护出口1	保护功能
闭锁低压分段备投		
跳分段备用		
跳低压侧	保护出口3	
跳低压侧备用		
跳各侧备用	保护出口2	
跳各侧备用		
跳各侧备用		
跳各侧备用		
跳各侧备用		
跳各侧备用		
装置闭锁	遥信开出	
装置告警		
保护跳闸		
过负荷报警		
复压并联启动		
复压并联启动		
输入公共+220V	输入触点	
复归		
置检修状态		
复压并联起动		
跳低压侧	遥控开出	测控功能
合低压侧		
跳闸备用		
合闸备用		
跳闸备用		
合闸备用		
跳闸备用		
合闸备用		
跳闸备用		
合闸备用		

9.3 RCS-9661 微机型变压器非电量保护装置

RCS-9661 为微机型变压器非电量保护装置,从主变压器本体引来的各种非电量保护信号(主要包括:本体重瓦斯、本体轻瓦斯、有载重瓦斯、有载轻瓦斯、压力释放阀动作、油位异常、油温过高,主变压器本体提供这些信号的无源接点)都接入 RCS-9661 中。RCS-9661 的保护启动及出口回路如图 9-8 所示。

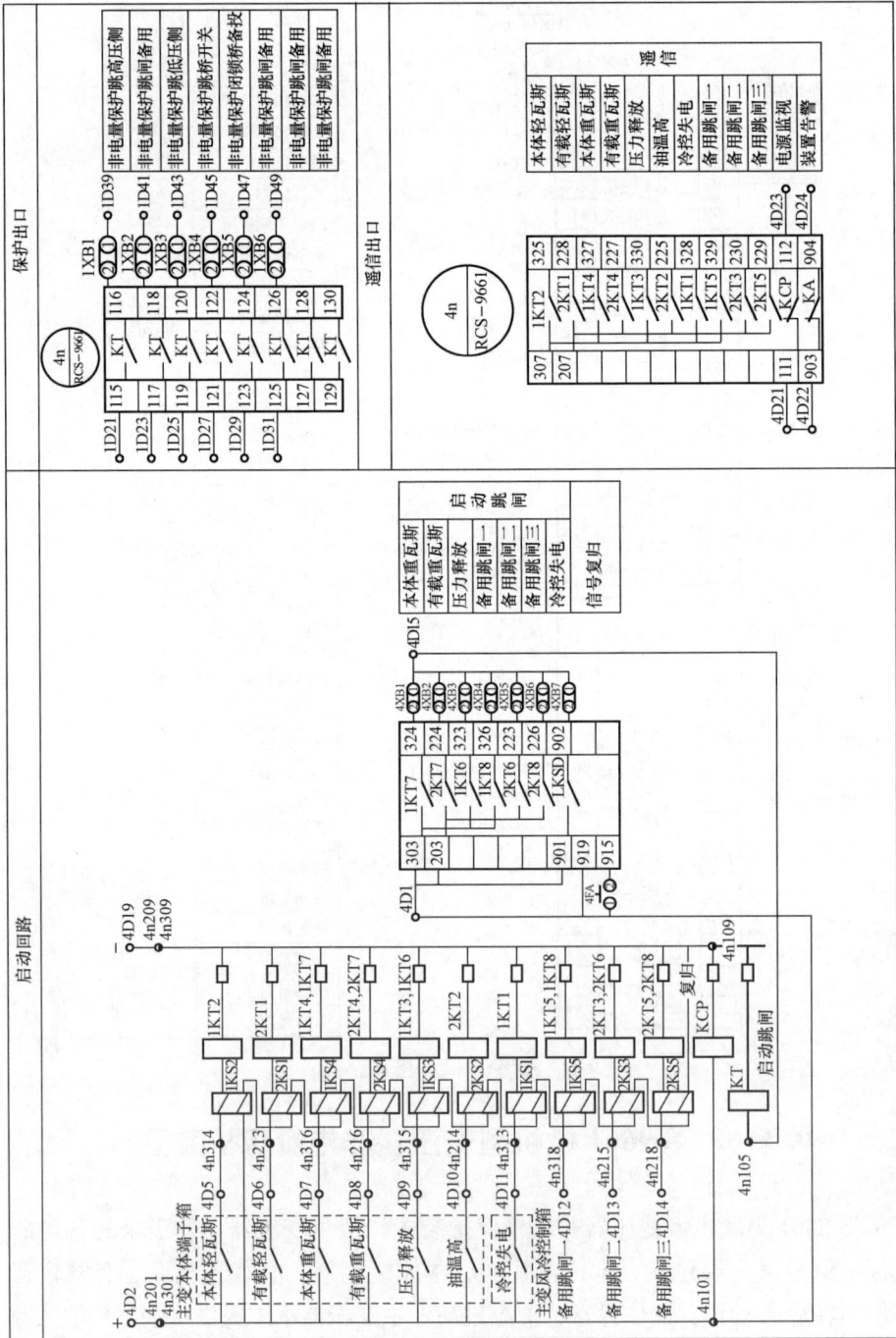

图 9-8 RCS-9661 保护回路图

与 RCS-9671、9681、9682 不同的是，RCS-9661 的保护功能不是由模拟量经计算而启动的，而是由外部状态量直接启动的，所以它没有电流、电压开入回路。从另一个角度说，在图 9-8 中有保护回路，而在 RCS-9671、9681、9682 的图纸中则看不出具体的保护逻辑。图 9-8 中，虚线框内为引自变压器本体端子箱及变压器风冷控制箱的保护动合触点，以本体重瓦斯为例，重瓦斯继电器动作后，正电源经重瓦斯继电器闭合后的动合触点到达 4D7 端子，信号继电器 1KS4 和保护出口继电器 1KT4（7）带电被启动。1KS4 的动合触点用于启动音响报警系统（图 9-8 中未显示），1KT7 的动合触点用于启动跳闸继电器 KT（图中黑加粗部分），1KT4 的动合触点用于遥信功能。

变压器本体发生故障时，某些故障需要跳闸主变压器各侧进线断路器，另外一些故障只需要报信号即可。从图 9-8 中可以看出，类似本体重瓦斯之类需要跳闸的保护回路都配置有两个出口继电器，而本体轻瓦斯之类只需要报信号的保护回路都只配置一个出口继电器，该继电器的触点用于遥信功能。所有需要跳闸的出口继电器动合触点被并联在一起，然后启动最终的出口继电器 KT，KT 的动合触点被接至主变压器各侧进线断路器的操作箱完成跳闸功能。

9.4 RCS-9603 测控装置

RCS-9603 属于测控装置与前文提到的 CSI-200E 没有本质的区别，只是测控量的类型、数量多少而已。本节主要分析 RCS-9603 的有载调压功能。有载调压，顾名思义就是允许变压器在运行状态下通过改变变压器的线圈匝数比来改变变压器的实际变比，即升压或降压。那么匝数比是如何改变的呢？其实就是一个电动机通过正向或反向转动带动相关机械部件完成的，就控制电路而言，与 8.2.4.2 提到的隔离开关电动机构没有本质的区别。

与有载调压功能相关的装置有两台，RCS-9603 提供升、降、停三种功能，它属于测控装置的开出范畴，与控制断路器、隔离开关的控制触点是一样的，区别仅在于最终控制哪个设备而已；RCS-9681 提供"过负荷闭锁有载调压"功能，其作用途径在 9.2.3.1 中已经讲过了。110kV 变压器的有载调压功能常见的实现方式有两种，一种是微机测控触点直接控制安装在变压器本体的有载调压开关机构，一种是微机测控触点开入到有载调压控制器中，该控制器再开出指令控制有载调压开关机构。以下结合图 9-9 分析一下这两种方式。

图 9-9 与图 8-9 有很多共同点：控制电源（交流还是直流由测控装置的类

图路回路二次回路图

70

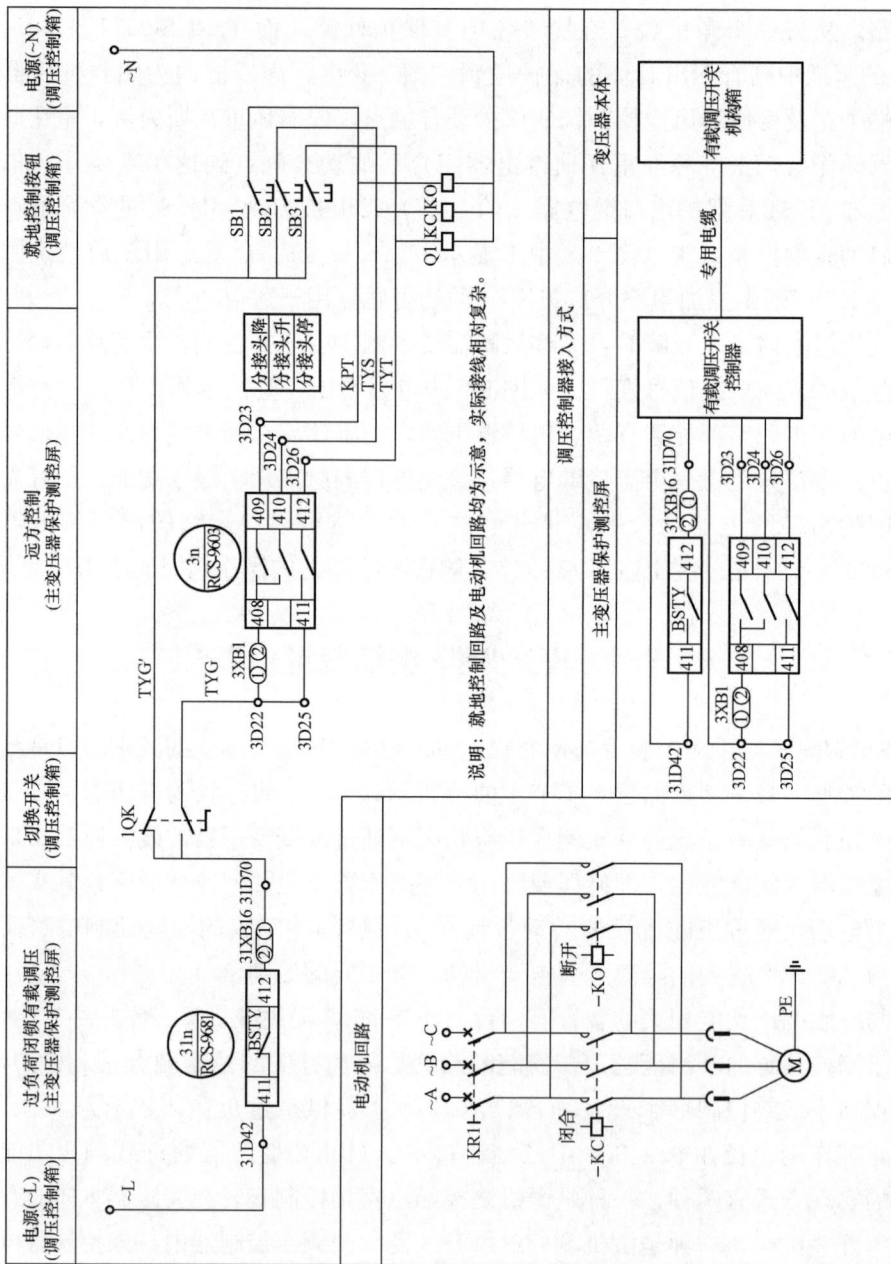

图 9-9 有载调压回路接线图

型决定）都是先引至就地的电动机构控制箱，再将正电源端经控制电缆引至微机测控装置；都使用三相交流电机带动机构运转，通过 U、W 相接线的变换实现电机的正、反向转动。这两点也是所有电动机构的共同点。

图 9-9 中，关于闭锁和升、降的内容在 9.2.3.1 和 8.2.4.2 的相关部分已经涉及，在此只分析停是如何实现的。电动机都带有过热保护之类的功能，由专门的继电器实现，继电器动作后使电动机的电源空开跳闸，以实现切断电源保护电机的功能（与 6.4.2.1 中 49MX 的功能类似）。那么，如果用一个测控触点（或按钮）启动这个过热保护继电器（图 9-9 中为 KR1，"调压停"触点启动 KR1 的回路与电动机热保护的回路是并联的关系，后者未示出），就可以实现停的功能。

图 9-9 中的右下部分显示了有载调压功能的第二种实现方式，即通过有载调压控制器实现。需要注意的是，此时的"过负荷闭锁有载调压"使用的是动合触点。从电路学的角度来讲，这些触点都是作为无源触点开入调压控制器的。

9.5　主变压器保护出口

本书的重点不在继电保护，但是分析微机保护的出口对于理解二次回路还是很必要的。

RCS-9671：差动保护，动作后出口跳闸主变压器高压侧断路器、低压侧断路器、内桥断路器，同时闭锁高压侧内桥备自投。

RCS-9661：非电量保护，动作后出口跳闸主变压器高压侧断路器、低压侧断路器、内桥断路器，同时闭锁高压侧内桥备自投。

RCS-9681：高后备保护，动作后出口跳闸主变压器低压侧分段断路器、主变压器高压侧断路器、低压侧断路器、内桥断路器，同时闭锁高压侧内桥备自投。

RCS-9682：低后备保护，动作后出口跳闸主变压器低压侧分段断路器、低压侧断路器。

换一个角度总结则可以得到如下结论，用保护出口接点表示的电路如图 9-10 所示。

跳闸主变压器高压侧断路器的保护出口有：差动保护、非电量保护、高后备保护。

跳闸主变压器高压侧内桥断路器的保护出口有：差动保护、非电量保护、

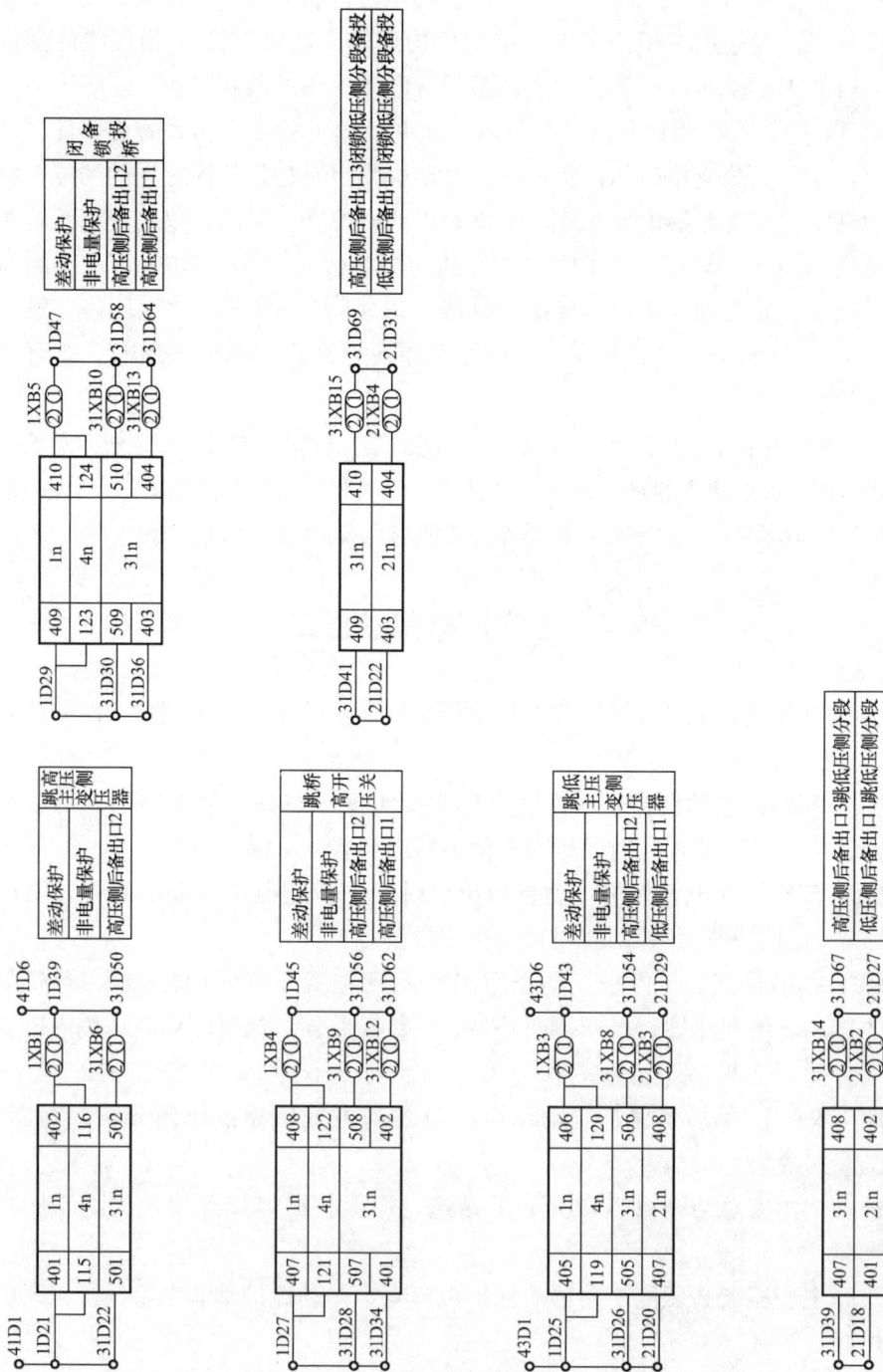

图 9-10　110kV 主变压器保护出口总图

高后备保护。

跳闸主变压器低压侧断路器的保护出口有：差动保护、非电量保护、高后备保护、低后备保护。

跳闸主变压器低压侧分段断路器的保护出口有：高后备保护、低后备保护。

闭锁主变压器高压侧内桥备自投的保护出口有：差动保护、非电量保护、高后备保护。

闭锁主变压器低压侧分段备自投的保护出口有：高后备保护、低后备保护。

主变压器保护出口触点接入主变压器各侧进线断路器操作箱（包含在 RCS-9661 中）的方式与 8.1.1.5 中提到的方式是一样的。

9.5.1　主变保护出口逻辑分析

以图 9-11 所示的模拟故障为例来分析主变保护装置的出口逻辑，黑加粗部分为运行设备。

（1）在差动保护范围内发生电气故障 A 时，RCS-9671 动作，需要将主变压器各侧进线断路器全部跳闸才能隔离故障点。由于主变压器低压侧断路器跳闸后即可将 10kV 系统与故障点隔离开，所以不需要跳闸 10kV 分段断路器。图 9-11 所示主接线的运行方式在高压侧只可能是进线备自投，所以不存在闭锁内桥备自投的问题，此情况留待后文分析。

（2）在主变压器本体发生非电量故障 B 时，RCS-9661 动作，需要将主变压器各侧断路器全部跳闸才能隔离故障点，不需要跳闸 10kV 分段断路器。图 9-11 所示主接线的运行方式在高压侧只可能是进线备自投，所以不存在闭锁内桥备自投的问题，此情况留待后文分析。

（3）在 10kV 系统发生故障时，如 10kV 线路发生短路故障 C 但微机线路保护拒动导致故障点未被隔离或 10kV 母线发生电气故障 D，则 RCS-9682 动作跳闸。事实上，在 D 点发生故障时，两台 RCS-9682（分别对应于 QF4 和 QF5）均无法识别故障点到底是在 D 点还是在 E 点。

假设故障在 D 点，则低后备保护动作跳闸 10kV 分段断路器后，2 号主变压器的 RCS-9682 保护元件返回，2 号主变压器带 10kV Ⅱ 段母线负荷继续运行；1 号主变压器的 RCS-9682 保护元件仍动作，则说明故障在 D 点，此时 1 号主变压器的 RCS-9682 再出口跳闸 1 号主变压器低压侧断路器即可隔离故障点，防止故障向主变压器 110kV 侧扩大。在图 9-11 所示的接线情况下，低后

110kV进线1　　　　　　　　　　　　　　110kV进线2

QF1　　　　　　　　　　　　　　　　　QF2

1TA　纵差　　　　　　　　　　　　　　1TA　纵差
2TA　过流+备自投　　　　　　　　　　2TA　过流+备自投
3TA　测量　　　　　　　　　　　　　　3TA　测量
4TA　计量　　　　　　　　　　　　　　4TA　计量

14TA 13TA 12TA　QF3　11TA 10TA 9TA

A

1LTA　　1号主变压器　　　　　　　　　1LTA　　2号主变压器

2LTA　　B　　　　　　　　　　　　　　2LTA

2号主变压器纵差　2号主变压器过流　测量　充电保护　1号主变压器过流　1号主变压器纵差

5TA　计量　　　　　　　　　　　　　　5TA　计量
6TA　测量　　　　　　　　　　　　　　6TA　测量
7TA　过流　　　　　　　　　　　　　　7TA　过流
8TA　纵差　　　　　　　　　　　　　　8TA　纵差

QF4　　　　　　　　　　　　　　　　　QF5

10kV Ⅰ段母线　　D　QF6　E　　10kV Ⅱ段母线

C

10kV线路　10kV线路　　　　　10kV线路　10kV线路

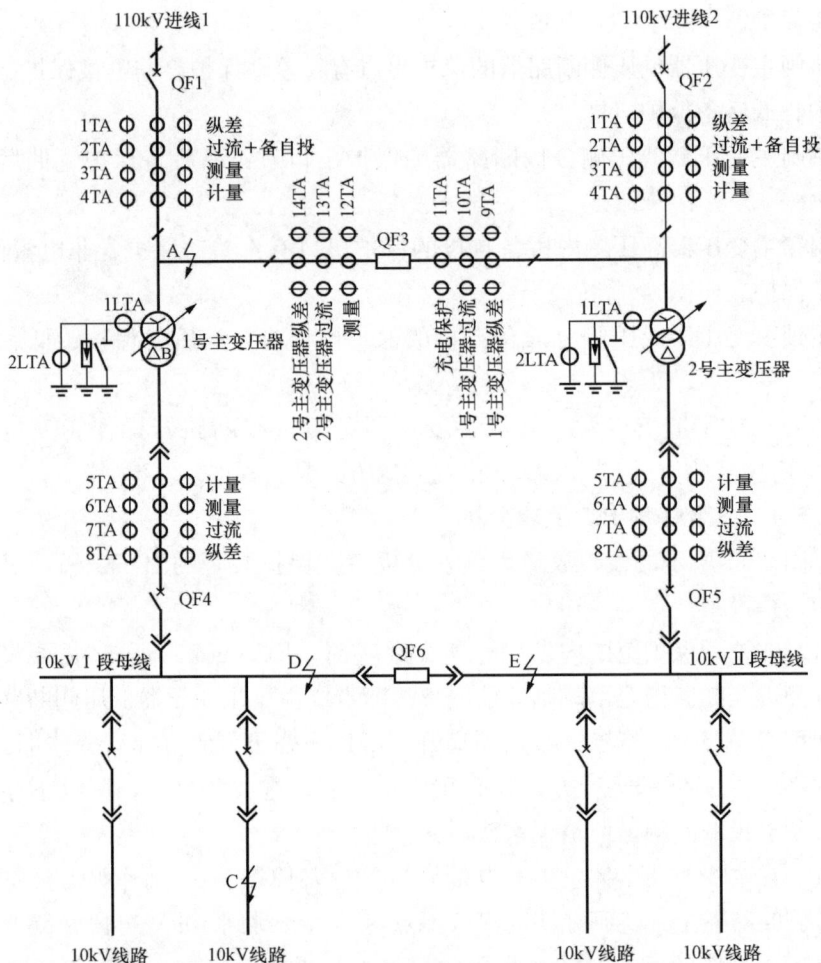

图 9-11　110kV 主变压器模拟故障示意图

备保护先跳 10kV 分段断路器可以确定故障点，并且可以使正常母线继续带电运行。图 9-11 所示主接线的运行方式在主变压器低压侧不可能配置任何方式的备自投。

把图 9-11 稍加改动，将 QF3、QF5 也断开，这也是一种常见的运行方式。这样，在 D 点发生故障时，唯一的一台 RCS-9682 无法识别故障点到底是在 D 点还是在 E 点。如故障在 E 点，则跳闸 10kV 分段断路器后，即可以隔离故障点，保证Ⅰ段母线上的负荷得以继续运行而不失压；若低压侧分段断路器跳闸后，RCS-9682 的保护元件仍未返回，则出口跳闸 1 号主变压器低压侧进线断路器。也就是说，低后备保护首先出口跳闸 10kV 分段断路器的优点是：有

50%的几率可以隔离故障点且保证部分负荷不失压。改动后的主接线的运行方式在低压侧只可能是主变压器进线备自投，所以不存在闭锁分段备自投的问题，此情况留待后文分析。

（4）实际上，在以上三种情况发生的时候，RCS-9681 的保护元件都可能是动作的，但是由于出口时限的设置问题，其实是没有机会出口跳闸的，因为在它的出口触点闭合之前，别的保护装置已经出口将变压器各侧进线断路器跳闸，所以就没有出口的必要了。但是，这不等于 RCS-9681 是没有用处的，它其实处于一种远后备的状态，例如 D 点故障但是 RCS-9682 发生故障拒动，而 D 点故障又不属于 RCS-9671 的保护范围，那么在时限 Δt 结束后，由 RCS-9681 出口代替 RCS-9682 完成跳闸 10kV 分段断路器、主变压器低压侧进线断路器的功能，随后跳闸主变压器高压侧进线断路器。

（5）与 110kV 线路保护不同的是，主变压器保护均不配置重合闸功能。

9.5.2　主变压器保护出口对备自投方式的影响

主变压器保护对备自投方式的影响是非常大的，而各种影响又跟具体的主接线方式有关，结合图 9-12（图中黑加粗部分为运行设备）中所示各种接线方式先简单分析一下，具体的备自投逻辑在第 10 章中再详细论述。

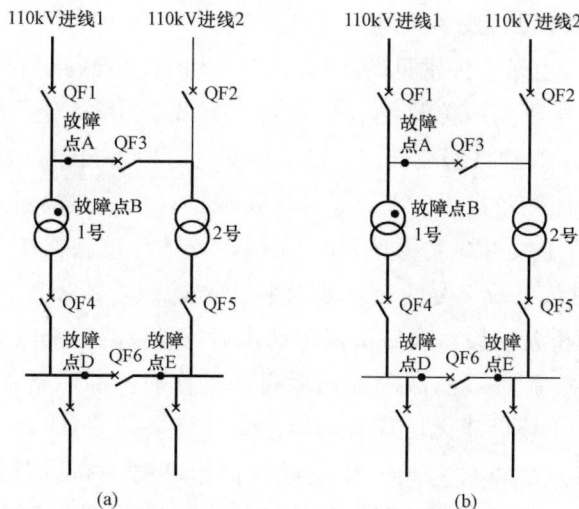

图 9-12　110kV 变电站常见运行方式

（a）两台主变压器并列运行；（b）两台主变压器分列运行

9.5.2.1　两台主变压器并列运行

图 9-12（a）是常见的一种运行方式，此时高压侧内桥断路器在合位，所

以高压侧为进线备自投方式；10kV 分段断路器在合位、2 号主变压器低压侧断路器在合位，则 10kV 侧不可能有任何备自投方式。

差动、非电量保护动作对备自投的影响较简单，它们动作后跳闸 QF1、QF3、QF4，因为检测到 110kV Ⅰ 段母线无压且 QF1 无流，备自投装置动作使 QF2 合闸，带 2 号主变压器运行。

高后备保护动作对备自投的影响则分为三类：

（1）当 10kV 系统 E 点故障而低后备未动作时，高后备跳 QF6 切除故障，1 号主变压器正常运行，110kV Ⅰ 段母线有压且 QF1 有流，备自投装置不动作。

（2）当 10kV 系统 D 点故障而低后备未动作时，高后备保护跳闸 QF6、QF4 切除故障，2 号主变压器正常运行，110kV Ⅰ 段母线有压且 QF1 有流，备自投装置不动作。

（3）A 或 B 点故障且差动、非电量保护拒动时，高后备保护跳闸 QF1、QF3 后，检测到 110kV Ⅰ 段母线无压且 QF1 无流，则备自投装置动作使 QF2 合闸，带 2 号主变压器运行。至此则可得出结论：任何主变保护都不闭锁高压侧进线备自投。

9.5.2.2 两台主变分列运行

图 9-12（b）也是一种常见的运行方式，此时内桥断路器在分位、进线断路器均在合位，所以高压侧只能为桥备自投方式。10kV 分段断路器在分位、2 号主变压器低压侧断路器在合位，则低压侧为分段备自投方式。

首先分析高压侧备自投。差动、非电量保护动作后，跳闸 QF1、QF4，因为检测到 110kV Ⅰ 段母线无压且 QF1 无流，若备自投装置动作使 QF3 合闸，则会将 110kV 进线 2 及 2 号主变压器连接至故障点，所以差动、非电量保护动作后必须闭锁桥备自投；高后备保护动作对备自投的影响则分为两类：

（1）当 10kV 系统 D 点故障而低后备未动作时，高后备跳 QF1、QF4 切除故障，110kV Ⅰ 段母线无压且 QF1 无流。

（2）A 或 B 点故障且差动、非电量保护拒动时，高后备保护跳闸 QF1、QF4 后，110kV Ⅰ 段母线无压且 QF1 无流。以上两种情况下，若备自投装置动作使 QF3 合闸，则分别会使 110kV 进线 2 带 1 号主变压器空载运行或将 110kV 进线 2 连接至故障点。至此则可得出结论：差动、非电量、高后备保护动作后必须闭锁高压侧分段（桥）备自投。

低压侧备自投动作逻辑分析如下。在差动、非电量保护动作跳闸 QF1、

QF4 后，检测到 10kV Ⅰ 段母线无压且 QF4 无流，则备自投装置动作使 QF6 合闸，2 号主变压器带两段母线运行。所以，差动、非电量保护动作后不闭锁低压侧分段备自投；低后备保护动作于 10kV 系统故障，若低后备动作跳闸 QF4，则 10kV Ⅰ 段母线无压且 QF4 无流，如备自投装置动作使 QF6 合闸，则会将 2 号主变压器及 10kVⅡ段母线连接至故障点，所以低后备保护必须闭锁低压侧分段备自投。如果是瞬时故障，对主变压器保护而言，我们认为所有的故障都是永久性故障，如同主变压器保护不配置重合闸一样。高后备保护的动作则分为两类：

（1）高后备作为低后备的后备保护动作时，显然必须闭锁低压侧分段备自投。

（2）高后备作为差动、非电量保护的后备保护动作时，原则上可以不闭锁低压侧分段备自投，但是这种情况发生的几率实在是太小了。至此则可得出结论：高后备、低后备保护动作后必须闭锁低压侧分段备自投。

通过 9.5.1 与 9.5.2 的分析，就可以比较全面的理解图 9-10 了。

第 10 章

备自投装置二次接线

备用电源自动投入装置可以在电力系统发生故障导致变电站失去工作电源时，自动将备用电源投入以使变电站设备继续运行，简称备自投装置。备自投装置接线简单、可靠性高，对提高电力系统的供电可靠性有很大的作用，得到

变电站高压侧进线备自投	
主接线为内桥	主接线为单母线分段(单母线接线类似)
备自投装置：RCS-9652	

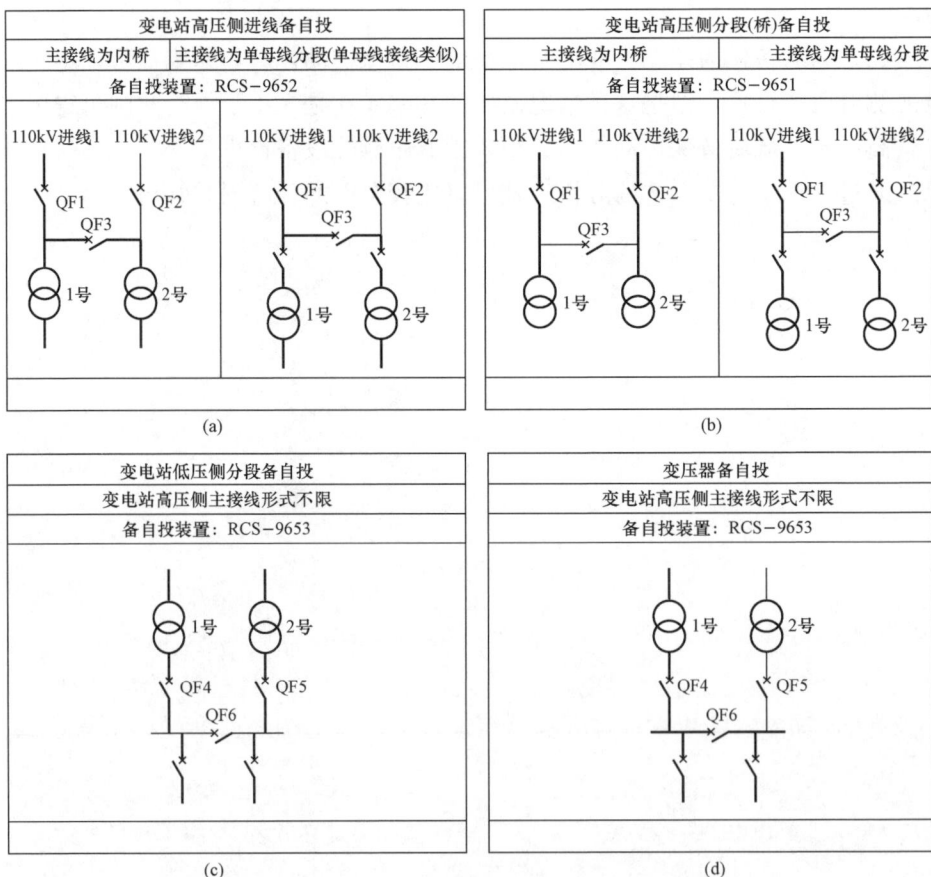

(a)

变电站高压侧分段(桥)备自投	
主接线为内桥	主接线为单母线分段
备自投装置：RCS-9651	

(b)

变电站低压侧分段备自投
变电站高压侧主接线形式不限
备自投装置：RCS-9653

(c)

变压器备自投
变电站高压侧主接线形式不限
备自投装置：RCS-9653

(d)

图 10-1 常见备自投方式及对应运行方式

(a) 进线备自投方式；(b) 高压侧分段（桥）备自投方式；(c) 低压侧分段备自投方式；

(d) 变压器备自投方式

了广泛应用。

常见的备自投方式有三种：进线备自投、分段（桥）备自投、变压器备自投。具体使用哪种备自投方式是由变电站的运行方式决定的，其对应关系如图10-1所示，图中黑加粗部分为运行设备。图10-1（a）采用进线备自投方式，QF1、QF2互为备用；图10-1（b）采用高压侧分段（桥）备自投方式，QF3为备用；图10-1（c）采用低压侧分段备自投方式，QF6为备用；图10-1（d）采用变压器备自投方式，QF4、QF5互为备用。

10.1　备自投装置的主要使用原则

（1）备自投装置在合上备用电源断路器前，必须确保原工作电源断路器已经断开，以避免将备用电源系统连接至故障点。事实上，备自投装置动作后会首先向原工作电源断路器发出跳闸命令，在采集到该断路器的分位信号后继续以后的动作。在某些故障情况下，工作电源断路器可能被继电保护装置跳开而导致工作母线失压且符合备自投动作条件，此时应根据实际情况判断是否应闭锁备自投装置。值班人员手动操作跳闸工作电源断路器时，备自投装置不应动作。

（2）备自投装置只允许动作一次。在备自投装置将备用电源断路器合闸以后，如果继电保护装置动作出口将此断路器跳闸，则备自投装置不应将此断路器再次合闸。

（3）备自投装置判断变电站失去工作电源的判据应该是母线无电压且原工作电源线路无电流，以免母线电压互感器二次回路故障导致备自投装置误认为母线已经失压，如果此时备自投装置动作，则会打乱正常的运行方式。

常用备自投装置的型号：CSB-21A（四方公司产品）；WBT-821（许继公司产品）；RCS-9652（南瑞继保公司产品）。某些型号的备自投装置配置有充电保护，此功能不在本章讲解范围内。本章选用模型为南瑞继保公司9000系列A型备自投装置，重点介绍RCS-9652。

10.2　RCS-9652备自投装置

南瑞继保公司9000系列A型备自投装置包括RCS-9651（分段备自投，带充电保护）、RCS-9652（进线备自投、分段备自投，无保护功能，带测控功能）、RCS-9653（RCS-9651 与 RCS-9652 的结合，可用于变压器低压侧备自投）。这三种型号中，RCS-9652 的备自投功能比较典型，是本章介绍的重点。本章关于 RCS-9652 的介绍不涉及其测控功能。

10.2.1　RCS-9652 的开入回路

RCS-9652 的开入回路包括模拟量开入与数字量开入两种，如图 10-2（a）所示。无论备自投装置的厂家、型号、运行方式如何，其开入的模拟量及数字量均不外乎以下几种：① Ⅰ 段母线电压 U_1（线电压或相电压）；② 1 号线路电压 U_{x1}（线电压或相电压）；③ Ⅱ 段母线电压 U_2（线电压或相电压）；④ 2 号线路电压 U_{x2}（线电压或相电压）；⑤ 1 号线路电流 I_1（相电流）。⑥ 2 号线路电流 I_2（相电流）。①～⑥为模拟量开入。⑦ 1 号进线断路器 QF1 的位置；⑧ 2 号进线断路器 QF2 的位置；⑨ 分段（桥）断路器 QF3 的位置；⑩ 闭锁信号。⑦～⑩为数字量开入。

以图 10-2（a）所示 RCS-9652 的开入回路为例分析一下开入量。

（1）电压。电压互感器二次电压在进入微机二次装置前，必须经过一个开关电器，如图 10-2（a）中所示的空气开关。可以看到，N 并没有进入 RCS-9652，所以它就采集不到相电压。从图纸和说明书中也可以得到确认，RCS-9652 以线电压的值来判断母线是否失压。

（2）电流。RCS-9652 采集两条进线的单相电流，以"无电流"作为母线失压的辅助判据，以防止电压互感器二次回路发生断线故障时，备自投误认为母线失压。备自投装置采集的电流应来自电流互感器保护级二次绕组。无论备自投方式如何，都不采集分段（桥）断路器处的电流，这一点在后面的备自投逻辑阐述中可以得到证明。

（3）线路电压。RCS-9652 采集两条进线的单相电压，以判断工作线路是否失压，备用线路是否有压。

（4）断路器位置。各断路器（1 号进线、2 号进线、分段或内桥）的状态（RCS-9652 判断分位）由 KCT 的动合触点提供。从理论上讲，用 KCC 的动断触点代替也是可以的。

（5）判断是否手跳。手跳断路器时，备自投装置应被闭锁（原因在下文再详细讨论）。如何判断断路器是由值班人员手动跳闸呢？在一个断路器的操作回路中，有两种情况可以显示此操作：测控屏操作把手 1SA "合闸后"动合触点断开、操作箱"手合后"继电器 KKJ（可以在图 7-1 中找到这个继电器，它是南瑞继保公司操作箱特有的继电器）动合触点断开。RCS-9652 采用 KKJ

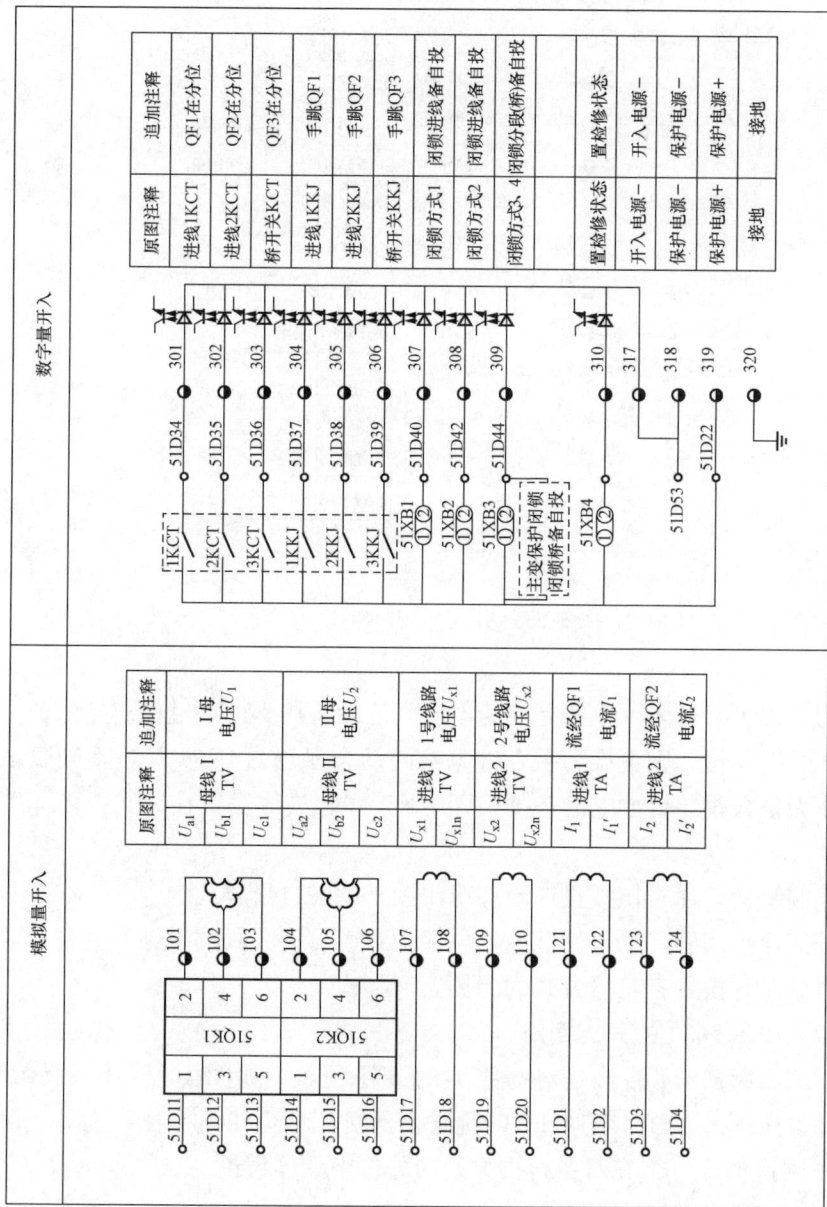

图 10-2 RCS-9652 开入/开出回路图（一）

(a) RCS-9652 开入回路图；

51D27 — 401 — 402 — 51XB5 — 51D56
403 — 51XB6 — 51D57
51D62 — 404 — 405 — 51D63
406 — 51D64
51D29 — 407 — 408 — 51XB7 — 51D58
409 — 51XB8 — 51D59
51D65 — 410 — 411 — 51D66
412 — 51D67
51D31 — 413 — 414 — 51XB9 — 51D60
51D68 — 415 — 416 — 51D69
51D71 — 426 — KL — 427 — 51D72
KA — 428 — 51D73
KT — 429
KC — 430

原图注释		追加注释
跳闸	进线1	跳闸QF1
合闸		合闸QF1
跳闸备用	进线1	
合闸备用		
跳闸	进线2	跳闸QF2
合闸		合闸QF2
跳闸备用	进线2	
合闸备用		
桥开关合闸		合闸QF3
桥开关合闸备用		
装置闭锁	中央信号	
装置报警		
装置跳闸		
装置合闸		

(b)

图 10-2　RCS-9652 开入/开出回路图（二）

(b) RCS-9652 开出回路图

动合触点的形式进行开入（主要是因为本站其他设备均为南瑞继保产品，若采用许继公司的操作箱，则更换为手合继电器的动合触点），而实际逻辑则以该触点断开作为备自投装置放电的条件，即 KKJ＝0。具体逻辑在后文中再详细论述。

（6）强制闭锁。通过压板投退允许或闭锁某种备自投方式。

（7）外部保护闭锁。变电站其他继电保护对备自投方式的闭锁，主要为变压器保护对分段（桥）备自投方式的闭锁。

10.2.2　RCS-9652 的开出回路

RCS-9652 的开出回路就是对断路器的遥控触点，如图 10-2（b）所示，包括对 QF1 的跳闸、合闸，对 QF2 的跳闸、合闸，对 QF3 的合闸。为什么对 QF3 没有跳闸操作呢？将在对备自投方式的分析中具体讨论。

10.2.3　进线备自投方式

进线备自投是最常见的备自投方式，其适用主接线形式为图 10-1（a），可以将此接线扩展为图 10-3（a）所示。

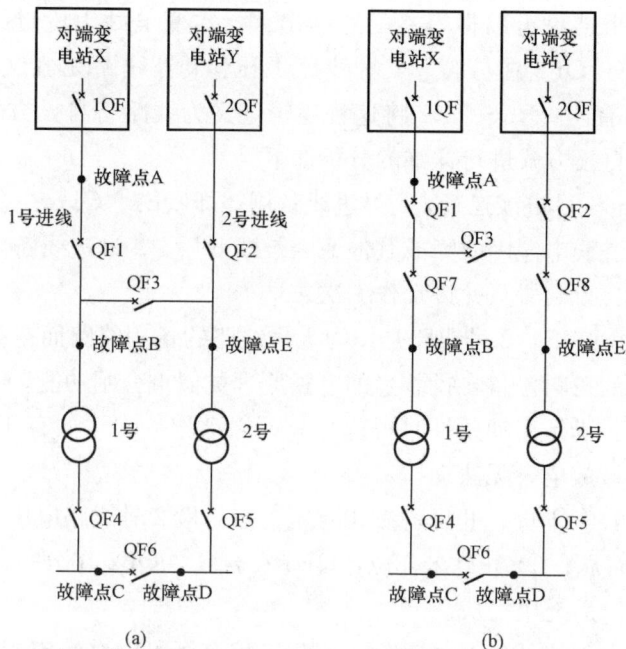

图 10-3 进线备自投方式下的主变压器故障模拟图

（a）主接线为内桥；（b）主接线为单母线分段（单母线接线类似）

10.2.3.1 内桥接线进线备自投方式

适用主接线如图 10-3（a）所示。

变电站由两条 110kV 线路提供电源（互为备用），一般情况下为 1 号线路带全站负荷，即 QF1 在合位、QF3 在合位、QF2 在分位。此时，对端变电站 X 中断路器 1QF 在合位，110kV 线路保护 RCS-941A 投入；对端变电站 Y 中断路器 2QF 在合位，2 号线路带电空载运行（X、Y 可以为同一变电站）。在 1号线路 A 点发生永久性故障时，对端变电站 X 配置的 RCS-941A 动作跳闸 1QF，导致本变电站失压。此时，我们希望有一种装置能够自动使 2 号线路给本变电站提供电源，以缩短停电时间。

如果该装置简单地将 QF2 合闸，就会将 2 号线路通过 QF2、QF3、QF1接至故障点，使故障范围扩大，所以肯定是不行的，也就是说，在合闸 QF2前，此装置还必须先将 QF1 跳闸以隔离故障点。以上是希望的该装置的动作逻辑，那么，作为一种自动装置，它必须还有相应的启动逻辑，也就是说，该装置在什么情况下开始执行上述操作？这个问题等价于：A 点永久性故障会造成什么可以具体量化的后果，而且这种后果的表述必须有唯一性以免备自投装置误启动。这个结果可以很容易的总结出来：本变电站 I 段母线失压、QF1 和 QF3 在合位、QF2 在分位、1 号线路无压、1 号线路无流（在 QF1 处测量）、2 号线路有压。RCS-9652 将这种逻辑定义为线路备自投方式 1，参照说明书对这种备自投方式进行详细的分析如下。

运行方式：1 号进线运行，2 号进线备用，即 QF1、QF3 在合位，QF2 在分位。当 1 号进线电源因故障或其他原因被断开后，2 号进线备用电源应能自动投入，且备自投装置只允许动作一次。

这种运行状态下，2 号线路是作为 1 号线路的备用线路而空载运行的，符合进线备自投的逻辑。备自投装置的电路原理类似重合闸功能，充电完成后即处于准备状态，满足启动条件时可以且只可以动作一次。如有闭锁条件开入，则备自投装置被放电，无法动作。

充电条件：① I 母、II 母均三相有压，当"检 2 号线路电压"控制字投入时，2 号线路有压；② QF1 在合位，QF3 在合位，QF2 在分位。同时满足以上条件，经 15s 后充电完成。

以上是对运行方式的具体量化。检测三相有压可以在一定程度上避免 TV 二次回路断线故障对电压监测的影响，2 号线路有压是进线备自投方式实现的基础，若 2 号线路无压，则备自投动作就毫无意义。

放电条件：① 2 号线路失压；②手合 QF2；③手跳 QF1 或 QF3；④外部闭锁开入；⑤ QF1、QF2、QF3 的 KCT 异常；⑥整定控制字不允许 2 号进线断路器自投。

放电，就是使备自投装置无法动作，原因为以上 6 种，分别解释如下。① 2 号线路失压，则将 2 号线路投入亦无法带本站负荷，备自投没有动作的必要；②手合 QF2，属于运行方式改变，破坏了进线备自投方式的前提，备自投不应动作；③手跳 QF1 或 QF3，属于人为有目的甩掉本站全部或部分负荷，备自投不应动作；④外部闭锁开入，属于人为有目的地禁止备自投动作或外部继电保护装置禁止备自投动作；⑤ QF1、QF2、QF3 的 KCT 异常，则备自投采集的各断路器位置可能有误，备自投容易误动作；⑥整定控制字不允许 2 号进线断路器自投，属于人为有目的地禁止备自投动作。以上情况有任何一种发生，备自投装置即被放电。

动作过程：充电完成后，若 I 母、II 母均无压，I_1 无流，2 号线路有压，则备自投装置启动，经延时 t_{b1} 发令跳闸 QF1，确认 QF1 断开后，发令合闸 QF2，此逻辑称为方式 1。若 2 号线路为工作电源，1 号线路作为备用，逻辑与此类似，称为方式 2。

充电完成后，若没有放电情况发生，则备自投装置即一直处于准备状态。

在 A 点发生故障时，对端变电站 X 的 1QF 跳闸，导致本站 I 母、II 母均无压、I_1 无流（检测 I_1 的原因在于，TV 二次回路发生断线故障也会导致 I 母、II 母均无压，但此时 I_1 有流），备自投启动后，跳闸 QF1 以隔离故障点，确认 QF1 断开后（若发出跳闸命令而 QF1 实际未断开，则备自投装置应能自动停止后续动作），合闸 QF2。如此则可以使 2 号线路带本站负荷继续运行。

10.2.3.2　主变保护对内桥接线进线备自投的影响

在 B 点发生故障时，1 号变压器差动保护动作跳闸 QF1、QF3、QF4，此时满足备自投 I 母、II 母均无压，I_1 无电流、2 号线路有压的启动条件，备自投装置启动后，对 QF1 发出跳闸指令（其实 QF1 已经跳闸），确认 QF1 断开后，合闸 QF2。如此即可使 2 号线路通过 2 号主变压器带全站 10kV 负荷。

C 点发生故障时，1 号变压器低压侧（或高压侧）后备保护动作跳闸 QF6、QF4、QF1、QF3，满足备自投 I 母、II 母均无压，I_1 无电流、2 号线路有压的启动条件，备自投装置启动后，对 QF1 发出跳闸指令（其实 QF1 已经跳闸），确认 QF1 断开后，合闸 QF2。如此即可使 2 号线路通过 2 号主变压器带 10kV II 段负荷。

D 点发生故障时，1 号变压器低压侧（或高压侧）后备保护动作跳闸 QF6 后返回，2 号主变压器保护低压侧（或高压侧）后备保护动作跳闸 QF5、QF3，此时 I 母有压，I_1 有流，不满足备自投的启动条件，备自投装置不会动作。

E 点发生故障时，2 号变压器差动保护动作跳闸 QF5、QF3，此时 I 母有压，I_1 有流，不满足备自投的启动条件，备自投装置不会动作。

10.2.3.3　单母线分段接线进线备自投

适用主接线如图 10-3（b）所示。

单母线分段接线进线备自投的情况较为简单：A 点故障时，备自投启动，动作逻辑与 10.2.3.1 中的分析相同；B、C、D、E 点故障时，均不满足备自投的启动条件，亦无须闭锁进线备自投。

综合以上分析，在图 10-3 所示的主接线形式下，任何主变压器的任何保护动作都不需要闭锁进线备自投。这和本书在 9.5.2.1 中得出的结论是一致的。

10.2.4　分段（桥）备自投方式

分段（桥）备自投也是常见的一种备自投方式，其适用主接线形式为图 10-1（b），将此接线扩展为图 10-4 所示。

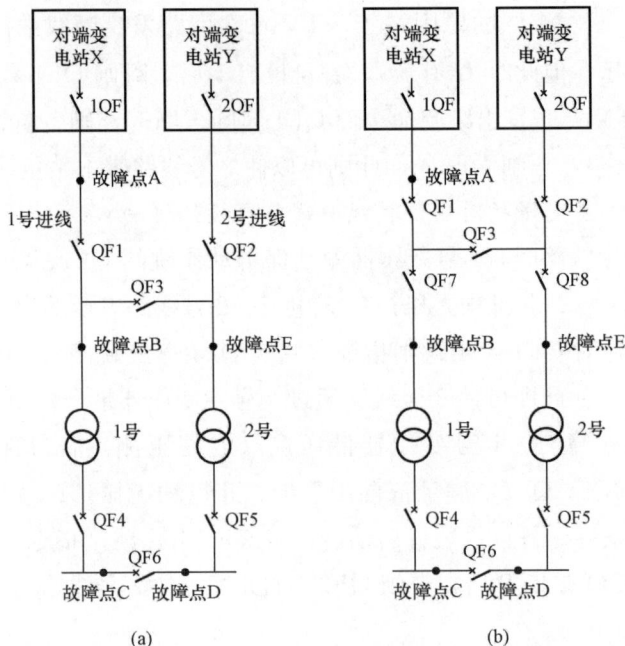

图 10-4　分段（桥）备自投方式下的主变压器故障模拟图
（a）主接线为内桥；（b）主接线为单母线分段（单母线接线类似）

10.2.4.1　内桥接线桥备自投

适用主接线如图 10-4（a）所示。

变电站由两条 110kV 线路提供电源，1 号线路带 1 号主变压器，2 号线路带 2 号主变压器。此时，QF1 在合位、QF2 在合位、QF3 在分位。对端变电站 X 中断路器 1QF 在合位，110kV 线路保护 RCS-941A 投入；对端变电站 Y 中断路器 2QF 在合位，110kV 线路保护 RCS-941A 投入。在 1 号线路 A 点发生永久性故障时，对端变电站 X 配置的 RCS-941A 动作跳闸 1QF，导致 110kV Ⅰ段母线失压、1 号主变压器失压、10kV Ⅰ段母线负荷失压。此时，我们希望备自投装置能够将桥断路器 QF3 合闸，以带 1 号主变压器运行，这就是分段（桥）备自投方式。

在备自投装置合闸 QF3 前，同样必须先将 QF1 跳闸，以避免将 2 号线路连接至故障点。内桥备自投的启动条件为：Ⅰ段母线无压、1 号线路无流（在

QF1 处测量）、Ⅱ段母线有压、QF1 和 QF2 在合位、QF3 在分位。RCS-9652 将这种逻辑定义为线路备自投方式 3。参照说明书对这种备自投方式进行详细的分析如下。

运行方式：两台主变分列运行，即 QF1、QF2 在合位，QF3 在分位。当 1 号进线电源因故障或其他原因被断开后，2 号进线电源应能同时带全站负荷。

这种运行状态下，1 号线路与 2 号线路是互为备用的。

充电条件：①Ⅰ母、Ⅱ母均三相有压；②QF1 在合位，QF2 在合位，QF3 在分位。同时满足以上条件，经 15s 后充电完成。

本段是对运行方式的具体量化。

放电条件：①手合 QF3；②Ⅰ母、Ⅱ母均三相无压，延时 15s 放电；③手跳 QF1 或 QF2；④外部闭锁开入；⑤QF1、QF2、QF3 的 KCT 异常。

分段（桥）备自投方式的放电原因为以上 5 种，分别解释如下。①手合 QF3，属于运行方式改变，破坏了桥备自投方式的前提，备自投不应动作；②Ⅰ母、Ⅱ母均确认失压，则备自投没有动作的必要；③手跳 QF1 或 QF2，属于人为有目的甩掉部分负荷，备自投不应动作；④外部闭锁开入，属于人为有目的地禁止备自投动作或外部继电保护动作禁止备自投动作；⑤QF1、QF2、QF3 的 KCT 异常，则备自投采集的各断路器位置可能有误，备自投容易误动作。以上情况有任何一种发生，备自投装置即被放电。

动作过程：充电完成后，若Ⅰ母无压，I_1 无流，Ⅱ母有压，则备自投装置启动，经延时 t_{b3} 发令跳闸 QF1，确认 QF1 断开后，发令合闸 QF3。此逻辑称为方式 3。充电完成后，若Ⅱ母无压，I_2 无流，Ⅰ母有压，则备自投装置启动，经延时 t_{b3} 发令跳闸 QF2，确认 QF2 断开后，发令合闸 QF3。此逻辑称为方式 4。

充电完成后，若没有放电情况发生，则备自投装置即一直处于准备状态。

在 A 点发生故障时，对端变电站 X 的 1QF 跳闸，导致本站Ⅰ母无压、I_1 无流，备自投启动后，跳闸 QF1 以隔离故障点，确认 QF1 断开后，合闸 QF3 使 2 号线路带全站负荷。

10.2.4.2　主变保护对内桥接线桥备自投的影响

在 B 点发生故障时，1 号变压器差动保护动作跳闸 QF1、QF4，此时满足备自投Ⅰ母无压、I_1 无流、Ⅱ母有压的启动条件，备自投装置启动后，对 QF1 发出跳闸指令（其实 QF1 已经跳闸），确认 QF1 断开后，合 QF3。如此则将 2 号线路连接于故障点 B，导致对端变电站 Y 的 110kV 线路保护动作跳闸 2QF，使本站由部分失压变为全站失压，扩大了事故范围。所以，1 号主变压器差动保护和非电量保护（考虑到 B 点在变压器内部的可能性）动作必须闭锁桥备自投方式 3；2 号主变差动保护和非电量保护动作（E 点故障）必须闭锁桥备自投方式 4。实际上，方式 3、方式 4 的闭锁开入点是一样的。

C 点发生故障时，若 1 号主变压器低后备动作跳闸 QF6、QF4，则 1 号主变压器为空载运行，Ⅰ 母有压，备自投装置不启动。若 1 号变压器低后备拒动，由高后备保护动作跳闸 QF6、QF4、QF1，满足备自投"Ⅰ 母无压、I_1 无流、Ⅱ 母有压"的启动条件，备自投启动后，对 QF1 发出跳闸指令（其实 QF1 已经跳闸），确认 QF1 断开后，合 QF3。因为 QF4 已经断开，备自投如此动作虽不至于扩大事故范围，但使 1 号主变压器空载运行亦无实际意义。同时，考虑到 B 点故障而差动或非电量保护拒动而由高后备出口的情况，则 1 号主变压器高后备保护动作应闭锁桥备自投方式 3，2 号主变压器高后备保护动作（D 点故障）应闭锁桥备自投方式 4。

10. 2. 4. 3　单母线分段接线分段备自投

适用主接线如图 10-4（b）所示。

单母线分段接线分段备自投的情况较为简单：A 点故障时，备自投装置启动，动作逻辑与 10.2.4.1 中的分析相同；B、C、D、E 点故障时，均不满足备自投的启动条件，亦无须闭锁分段备自投。可以得出结论：单母线分段接线时，任何主变压器保护都不需闭锁分段备自投。

综合以上分析，在图 10-4（b）所示的内桥接线形式下，任何主变压器的差动、非电量、高后备保护都必须闭锁内桥备自投；在图 10-4（b）所示的单母线分段接线形式下，任何主变压器的任何保护动作都不需闭锁分段备自投。这和 9.5.2.2 中得出的结论是一致的。

总之，对内桥接线而言，任何主变压器保护都不需要闭锁进线备自投方式，差动、非电量、高后备保护动作则必须闭锁内桥备自投方式；对单母线分段接线而言，任何主变压器的任何保护动作都不需要闭锁任何备自投方式。

10.3　低压侧分段备自投和变压器备自投

低压侧分段备自投和变压器备自投这两种运行方式并不常见，在此也不做重点分析。在 9.5.2.2 中已经分析了主变压器保护对低压侧分段备自投的影响，那么它对变压器备自投的影响如何呢？考虑继电保护对备自投的影响，最终目的就是为了防止备自投装置合闸备用电源于故障点，进而导致事故范围扩大。所以，只需要避免在低压侧母线故障或低压侧馈线故障且馈线保护拒动时的主变压器保护动作时投入备用变压器即可，显然，这两种情况对应的保护就是"低后备保护动作"和"高后备保护动作"。在图 9-10 中并没有这两对触点去闭锁变压器备自投的接线，一是因为对于 110kV 变电站而言，一台主变长期空载运行作为备用这种运行方式实在没有经济性，所以设计图纸时也就没有考虑这种可能性；二是即使需要以这种方式运行，将图 9-5、图 9-6 中的备用出口触点引出来即可。

备自投装置各种各样，备自投方式也有好几种，但动作目的却是相同的：在隔离故障点后，将备用电源线路进线断路器合闸以使备用电源带本站全部或部分负荷运行。任何备自投装置的任何备自投方式的逻辑都必须以实现此目的为基本原则。根据这样的定义，也就有了针对具体工程进行分析的基准点。

第11章

外桥与内桥二次接线的比较

桥形接线是在变电站只有两条线路和两台主变压器时经常采用的主接线形式，分为内桥和外桥两种，都是由三台断路器（进线断路器 QF1 和 QF2、桥断路器 QF3）组成的。外桥和内桥两种接线形式具体如图 11-1 所示。内桥接线时，桥断路器 QF3 在 QF1、QF2 和两台主变压器之间；外桥接线时，桥断路器 QF3 在 QF1、QF2 和两条 110kV 线路之间。

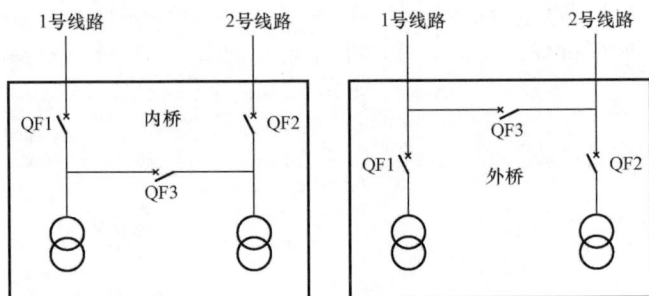

图 11-1　内桥与外桥主接线对照图

城区最常见的 110kV 桥形接线变电站多为内桥，这种变电站一般作为 110kV 电压等级的终端变电站使用，以 10kV 电压等级向城区用户输出电能。两条 110kV 线路互为备用，无 110kV 穿越功率，不配置 110kV 线路保护，按照进线备自投方式配置高压侧备自投。

外桥变电站多作为 110kV 电压等级环网中的联络变电站使用，在外桥断路器处配置双向线路保护，站内不配置高压侧备自投。

11.1　两种桥型接线的特点

关于内桥和外桥的优缺点以及适用原则，事实上各种说法并没有统一，仅根据图 11-2 做一些表面现象的分析。

图 11-2（a）：内桥，无 110kV 穿越功率。控制 QF3 即可控制 2 号主变压器的投退，对 1 号主变压器没有影响；2 号主变压器保护跳闸不会影响 1 号主

1号线路　　　　2号线路　　　　　　　1号线路　　　　2号线路

QF1　　内桥　　QF2　　　　　　　　　　　　QF3
　　　　QF3　　　　　　　　　　QF1　　外桥　　QF2

(a)　　　　　　　　　　　　　　　　(c)

1号线路　　　　2号线路　　　　　　　1号线路　　　　2号线路

QF1　　内桥　　QF2　　　　　　　　　QF3
　　　　QF3　　　　　　　　QF1　　外桥　　QF2

(b)　　　　　　　　　　　　　　　　(d)

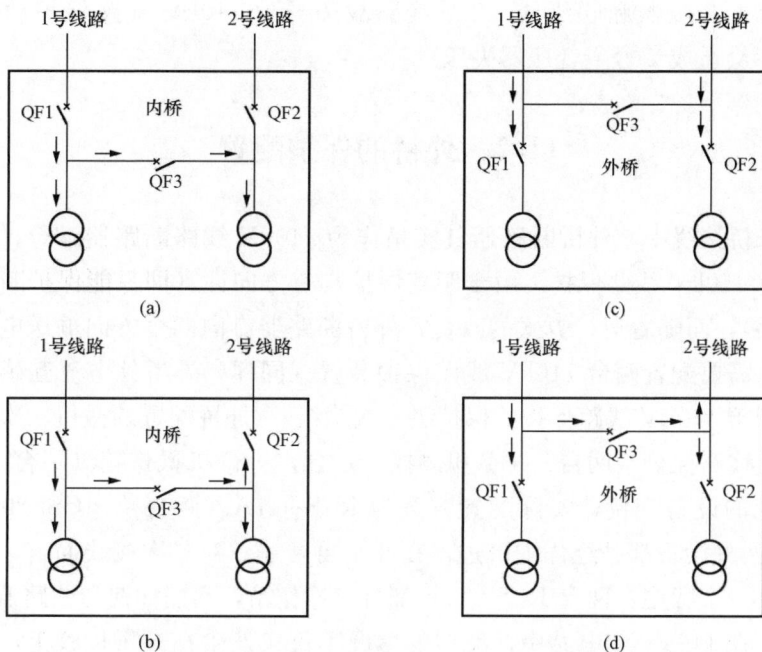

图 11-2　内桥与外桥的常见运行方式图

(a) 无穿越功率的内桥；(b) 有穿越功率的内桥；

(c) 无穿越功率的外桥；(d) 有穿越功率的外桥

变压器运行；1 号主变压器保护跳闸会造成 2 号主变压器失压。

图 11-2（b）：内桥，有 110kV 穿越功率。内桥接线时并不是绝对不能考虑功率送出，在这种运行状态下，控制 QF2 即可控制是否通过 2 号线路对外输出电能，不影响 2 号主变压器的运行，适用于 110kV 线路需要经常操作的情况；2 号线路故障导致的 QF2 跳闸不会影响 2 号主变压器的运行。停运 1 号或 2 号主变压器时都会造成无法通过 2 号线路输出电能，即联络线中断；1 号或 2 号主变压器保护跳闸都会造成联络线中断。

图 11-2（c）：外桥，无 110kV 穿越功率。两台主变压器运行而外桥断路器不投入的情况，其实就是两套线路变压器组接线，两台主变压器相互之间没有任何影响。

图 11-2（d）：外桥，有 110kV 穿越功率。在这种运行状态下，停运任何一台主变压器都不会影响另外一台主变压器的运行及联络线的导通，适用于变压器需要经常操作的情况；任何一台主变压器的主变保护跳闸也都不会影响到

另外一台主变压器和联络线。2 号线路故障导致 110kV 线路保护动作跳闸 QF3 时，会造成 2 号主变压器失压。

11.2　外桥的保护配置

在外桥接线中，外桥断路器其实是作为 110kV 线路断路器运行，所以其必须配置 110kV 线路保护。由于距离保护具有方向性（即只能保护断路器一侧的线路），而随着运行方式的改变，外桥断路器有向两个方向输送电能的可能，所以需要配置两台 110kV 线路保护装置（同样，外桥处电流互感器需配置两组用于 110kV 线路保护的保护级二次绕组）。外桥配置的微机二次设备包括：微机线路保护（两台）＋微机测控（一台）＋微机操作箱（一台），以前几章讨论的设备为例，实际配置方案为 RCS-941A（两台）＋CSI-200E（一台）。这两种设备都已经详细讲过，在此不再赘述。对二次接线而言，这时出现了另外一个问题：两台 RCS-941A 都带有操作箱，它们如何与断路器机构箱配合呢？在 110kV 变电站中，类似的情况不仅仅发生在外桥接线上，另外一种常见的情况就是图 11-2（b）所示的 110kV 线路保护与 2 号主变压器保护公用一台断路器的情况。

目前所面临的这个问题的根源是什么呢？就是本书在前文 2.2 中提到的微机保护、操作箱一体化的问题，可以将这个问题概括为 110kV 变电站两台保护装置与一台断路器的配合。

11.3　两台保护装置与一台断路器的配合

在操作箱作为为独立装置配置的时代，这个问题是不存在的，两台保护装置的保护出口（无源动合触点）以并联的关系接入操作箱，操作箱与断路器机构箱的连接如同在第 7 章讲的那样。这也再次证明，操作回路与微机保护是完全可以分开的，这也就是本书将操作箱独立出微机保护装置进行分析的原因。再次强调一点：微机测控与操作箱都是针对断路器配置的，也就是说，无论多少台微机保护与这台断路器有关联，这台断路器都只配置一台微机测控、一台操作箱，或者说，只使用一台微机保护装置自带的操作回路。

11.3.1　外桥接线两台 110kV 线路保护装置的配合

以 110kV 外桥保护为例，现在需要做的工作就是：以一台 RCS-941A 为基准（以下称为保护 1），将另外一台 RCS-941A（以下称为保护 2）的保护出口接点与自身操作回路的接线拆除，然后接入保护 1 的操作回路；同时，对保护 2 的操作回路进行改造。在这里还要解释一点，为什么要对保护 2 的操作回路进行改造而不是直接拆除？因为保护 2 继电保护功能的正常运行，还需要其操作回路中 KCT、KCC 的配合，具体的工作原理请参照相关说明书，在此不再详述。图 11-3 所示为保护 2 的保护出口接入保护 1 的操作回路后的完整断路器操作回路。

分项说明：①保护 1 与微机测控的接线"1、3、33、6、36"参照 7.2.4.1 中内容，不再详述；②保护 1 与断路器机构箱的接线"1、2、7、37"参照 7.2.4.1 中内容，不再详述；③保护 2 与保护 1 的接线"1、2"不再解释；保护 2 与断路器机构箱的接线"5、35"是本书讲解的重点。从图 11-3 中可以看出，"5、35"接线的目的是用断路器的辅助接点来配合 KCT、KCC 的正常工作。

那么，"5、35"不接行不行？不行。首先，微机保护由于没有采集"开入量"的功能（+24V 电压等级不适合从室外断路器机构箱内辅助触点采集断路器状态），所以无法从第二方得知断路器的状态，只能通过自身配置的 KCT、KCC 的状态来间接获得断路器的状态。准确判断断路器的状态对微机保护而言是非常重要的，举一个简单的例子：对 110kV 线路保护而言，重合闸功能是必不可少的，重合闸的启动方式有很多种——保护启动（保护元件动作出口跳闸）、位置突变启动（KCT 状态由失电变为带电，代表断路器由合位变为分位）等（以上列举的只是常见的启动条件。事实上，重合闸的启动与闭锁是一个很复杂的逻辑，不同厂家的设备的逻辑也不尽相同）。其中的"位置突变启动重合闸"就是用 KCT 的状态作为判据的；其次，在"5、35"不接线的情况下，由于 KCT、KCC 同时失压，保护 2 会一直报"控制回路断线"信号。

11.3.2 内桥接线 110kV 线路保护装置与主变保护装置的配合

在 11.3.1 的例子中，由于两台 RCS-941 是完全对等的关系，所以任一台 RCS-941A 作为保护 1 都是可以的。而在内桥接线配置 110kV 线路保护的情况下，如图 11-2（b）所示，是使用 RCS-941A 的操作箱还是 RCS-9661 的操作箱呢？实际工程中倾向于使用 RCS-941A 的操作箱。这个命题准确的说法应该是：在 110kV 线路与主变压器公用一台断路器的情况下，使用 110kV 线路微机保护装置自带的操作回路。

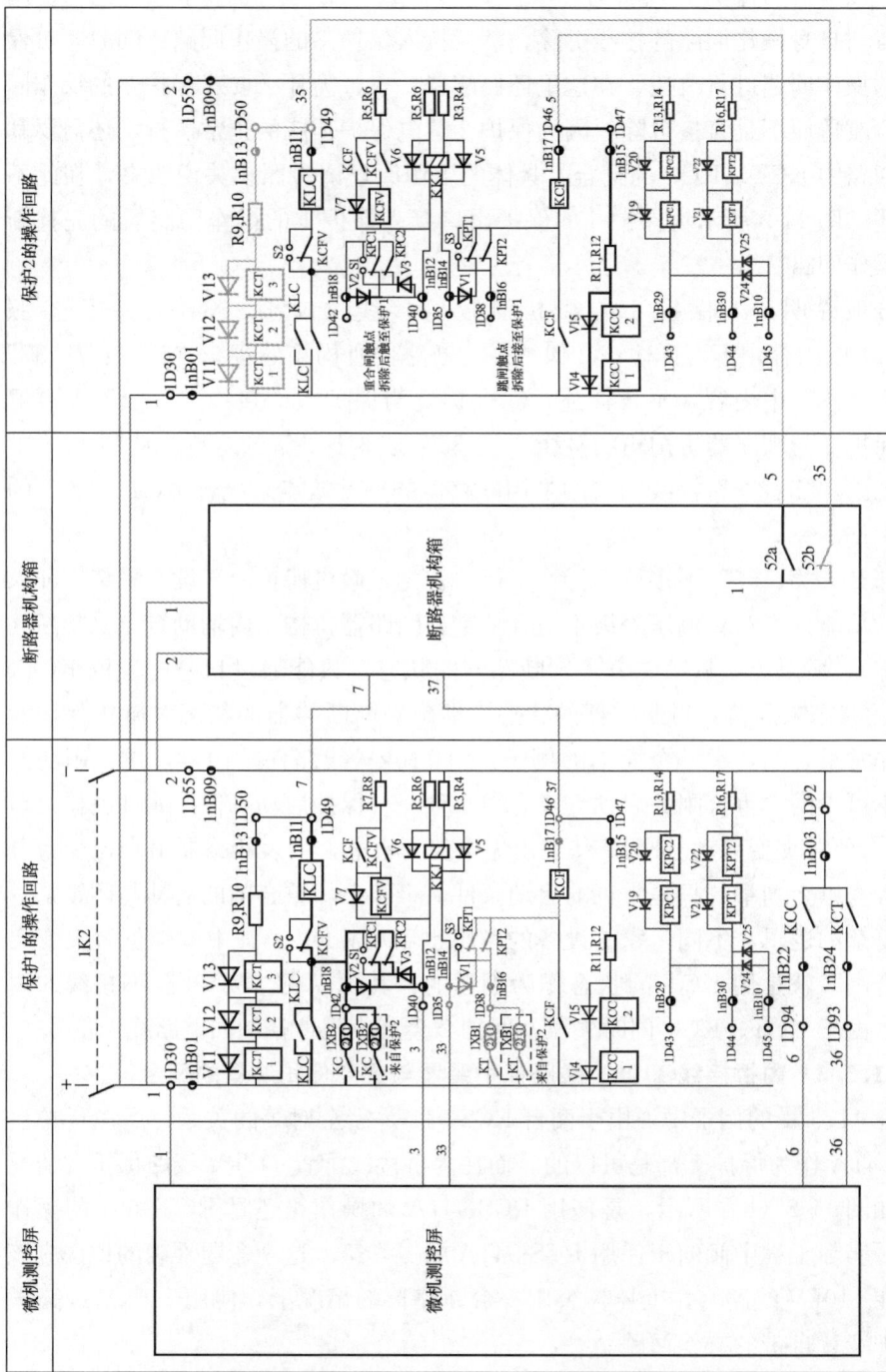

图11-3 两台操作箱与一台断路器的配合接线图

在 RCS-941A 与 RCS-9661 操作回路配合的例子中，由于 RCS-9661 使用的操作回路插件与 RCS-941A 相同，所以其接线与 11.2 中实例相似。第一种配合方法：将主变压器保护出口跳闸主变压器高压侧进线断路器的触点（详见图 9-10）与 RCS-9661 的接线断开，然后将此触点接入 RCS-941A 中的跳闸回路；将另外一组此类触点接入 RCS-941A 的闭锁重合闸回路。第二种配合方法：将 110kV 线路保护出口跳闸、重合闸的接点与操作回路的接线断开，然后将此触点接入 RCS-9661 中的跳闸回路与重合闸回路。在这里必须强调一点，那就是 RCS-9661 的操作回路配置有重合闸功能，这是不多见的。尽管可以将微机保护装置自带的操作回路看作是一个独立的装置，但是，在一体化的过程中往往根据继电保护功能的不同对操作回路做一些相应的改变，所以，很多主变压器保护装置自带的操作回路是不含重合闸功能的，这种情况下只能采取上面提到的第一种配合方法。

在第一种配合方法中，将主变压器保护跳闸出口接点接入线路保护操作箱的跳闸回路是比较好理解的，但是为什么还要闭锁线路重合闸呢？以图 11-2 (b) 所示运行方式进行分析。

①在 2 号线路发生故障时，RCS-941A 动作跳闸 QF2 后启动重合闸，这一点是没有问题的。

②在 2 号主变压器发生故障时，主变压器保护动作跳闸 QF2、QF3，因为主变压器保护跳闸出口与 RCS-941A 线路保护跳闸出口在操作箱的接线是并联的关系，所以此时 RCS-941A 重合闸功能启动，使 QF3 在两端（本变电站及 2 号线路）均失压的情况下成功重合闸。这种重合闸的成功是毫无意义的。另外，若 2 号线路为电磁环网的一部分，则 RCS-941A 的这次重合闸会将 2 号线路的对端连接至故障点，造成 2 号线路对端配置的线路保护跳闸，这种情况虽不会造成事故范围扩大，但会使 2 号线路对端变电站无谓受到一次冲击；若 2 号线路对端未配置线路保护，则会由 2 号线路对端变电站的上一级变电站配置的线路保护跳闸，导致 2 号线路对端变电站失压，造成事故范围扩大。所以，在 2 号主变压器保护动作时，其跳闸主变压器高压侧进线断路器的所有触点亦应闭锁线路保护的重合闸功能。

第 12 章

10kV 线路二次接线

市区内新建的 110kV 变电站中，10kV 电压等级配电装置多采用 KYN 开关柜，配置 VS1 或 VD4 真空断路器，因断路器布置在开关柜的中部且可随底座拉出，又俗称中置柜、手车柜。

本章选用的模型是 RCS-9611A（南瑞继保公司产品，保护、测控、操作箱一体化设备）和 VD4 真空断路器（ABB 公司产品，真空绝缘弹簧机构断路器）和开关柜（柜体、电流互感器等）。

12.1　10kV 中置柜

10kV 中置柜由一次设备和二次设备共同组成。以 10kV 线路开关柜为例，它包括真空断路器、电流互感器、母线、接地刀闸等一次设备，也包括微机保护测控装置、操作回路附件（操作把手、切换把手、指示灯、压板）、电能表等二次设备。

12.1.1　中置柜的结构

从 10kV 线路开关柜的正面观察，开关柜分为上、中、下三个部分，每个部分均有独立的柜门，简称为上柜、中柜、下柜。一般将微机保护测控装置、操作把手等安装在上柜的柜门上，将电能表、各种微型断路器、端子排等布置在上柜的柜室内。真空断路器、母线、电流互感器等安装在中柜内，中柜柜门留有观察窗，可观察断路器的状态指示等。下柜内安装 10kV 高压电缆、接地刀闸、零序电流互感器等，下柜柜门也留有观察窗。

12.1.2　中置柜的特点

相对于室外配电装置与 XGN 等传统开关柜，中置柜具有两个非常明显的特点：①采用手车式断路器，即断路器是可以移动的，这一点与室外断路器的固定安装方式截然不同；②没有传统的隔离开关的概念，以手车的工作位置、试验位置表示断路器与一次主电路的连接情况。

首先解释一下什么是手车式断路器。简单地讲，手车就是一个带有轮子可以滑动的平板，断路器安装在手车上就可以随手车移动，习惯称之为手车式断路器。手车式断路器的二次接线方式也比较特殊，断路器机构内的二次回路与外部二次设备的联系需要使用一个专门的插座（以下简称"二次插座"）进行连接。相应的，在开关柜上也安装有一个配套的插头，插头内接线柱的另外一端接至开关柜的端子排，再由端子排转接至其他二次设备。直流电源、操作指令传输到断路器以及断路器内信号传输到外部二次设备都需要通过这套插座／插头（插座是活动的，插头是固定的）转接，如将插座拔下，则相当于剪短了常规室外间隔与室内二次设备联系的所有控制电缆。所以，就断路器的开关功能而言，手车式断路器与普通断路器是一样的，不同的仅仅是安装方式和二次接线方式而已。手车柜的二次接线方式如图 12-1 所示。

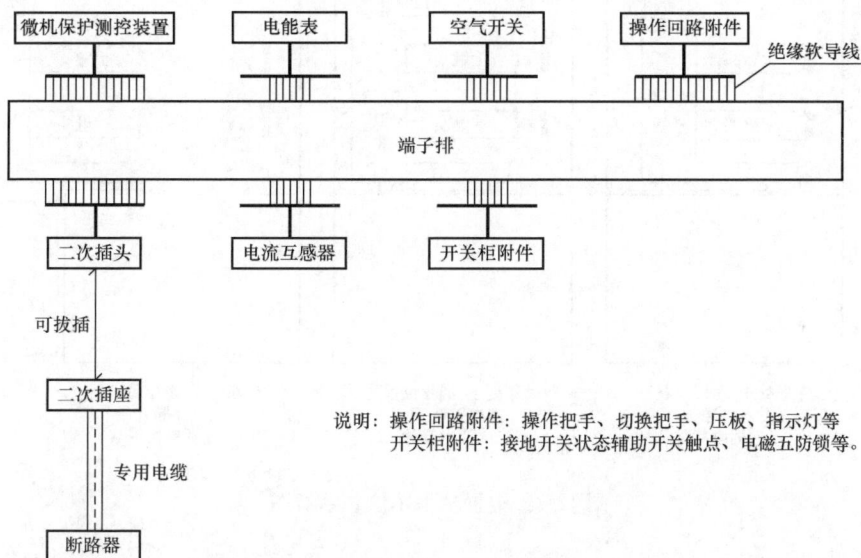

图 12-1　中置柜二次接线方式示意图

其次讨论一下手车的状态对一次主电路的影响。实际上，手车在移动过程中，可能存在三种状态，即停留在三个位置：运行位置、试验位置、退出位置。从中柜门观察窗看，手车在运行位置时，处于开关柜内较深的位置，断路器前面板距离中柜门大概 10cm；手车在试验位置时，处于开关柜内较浅的位置，断路器前面板已接近中柜门；手车在退出位置时，中柜门已经打开，二次插座已拔下，手车已移出开关柜。从手车状态对一次主电路的影响上讲，手车在运行位置时，相当于断路器两侧的隔离开关全部在合闸状态，断路器进行合闸操作后即可对负荷设备供电；手车试验位置，相当于断路器两侧的隔离开关全部在分闸状态，断路器与一次主电路已经分离，对断路器进行合闸或分闸操作都不会对负荷设备的带电与否有任何影响，所以称为试验位置；断路器在退出位置时，二次插座必须拔下，相当于把处于试验位置的断路器的控制电缆全部剪断，断路器即无法执行任何操作。手车柜的手车位置示意如图 12-2 所示。

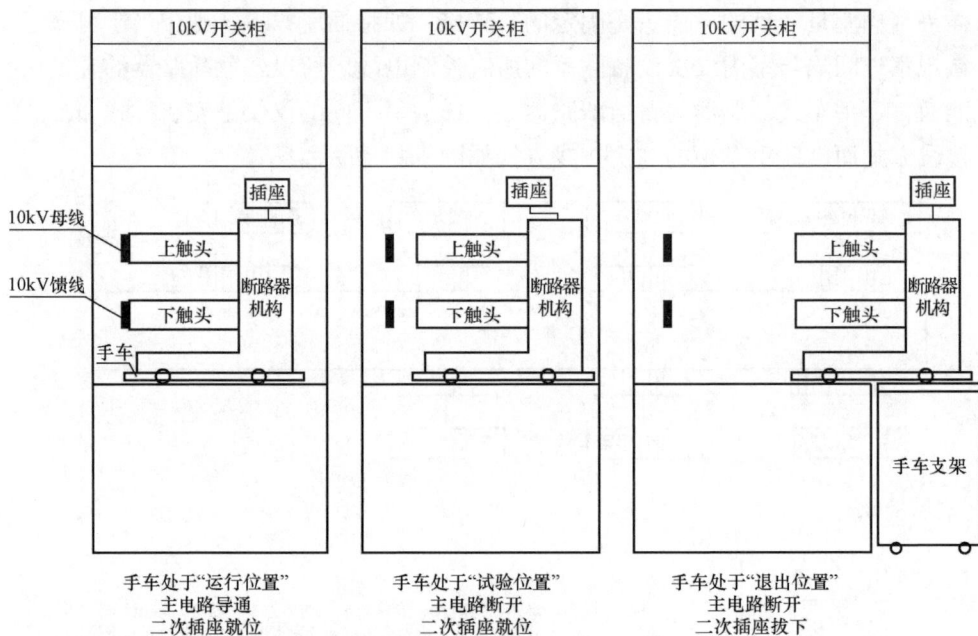

图 12-2　中置柜手车位置示意图

12.2　RCS-9611A 微机型馈线保护及测控一体化装置

RCS-9611A 是南瑞继保公司生产的用于 110kV 以下电压等级非直接接地系统中的微机型馈线保护及测控一体化装置。RCS-9611A 的保护功能主要包括：三段定时限过流、小电流接地选线、三相一次重合闸，测控功能主要包括：断路器遥控、模拟量及数字量采集、脉冲输入。

12.2.1　RCS-9611A 模拟量开入回路

由于 RCS-9611A 为保护、测控一体化装置，所以其模拟量开入回路分为保护开入、测控开入两部分，如图 12-3（a）所示。

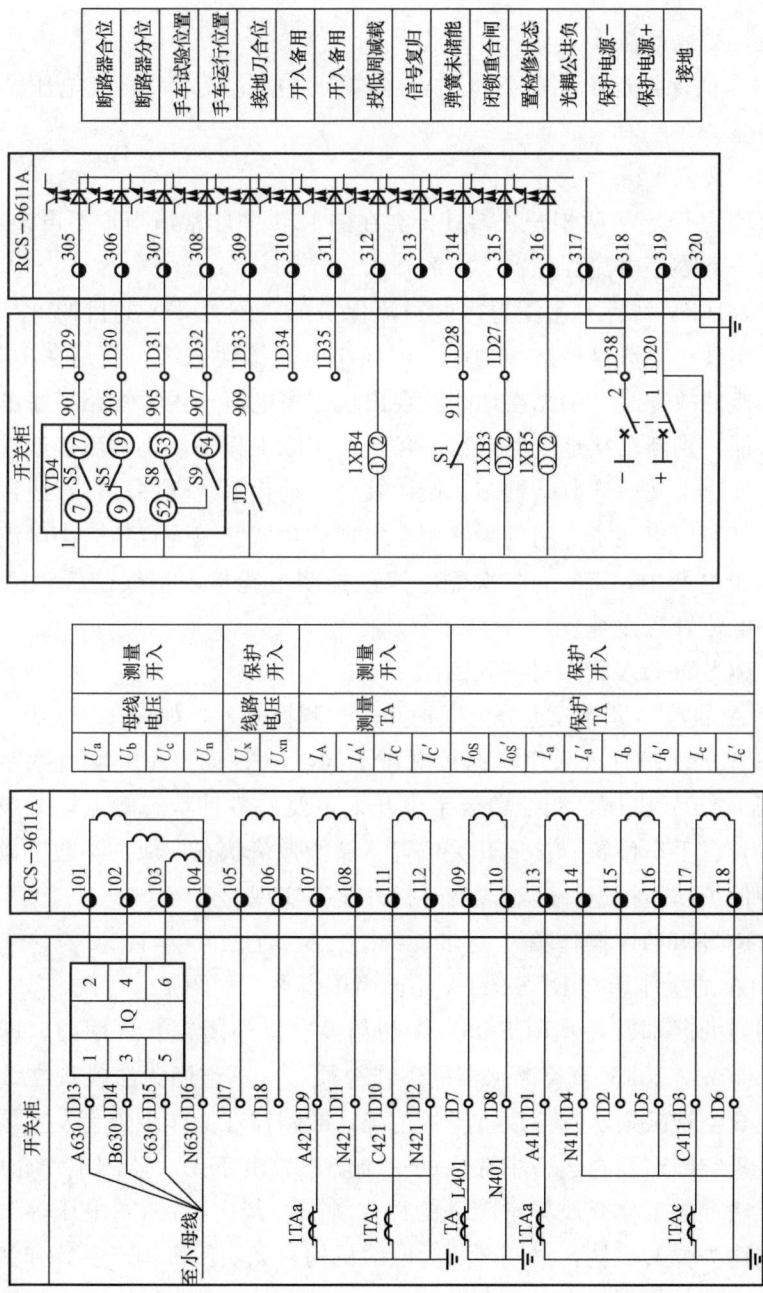

图 12-3 RCS-9611A 开入回路图
(a) 模拟量开入; (b) 数字量开入

如配置独立小电流接地选线装置，则将 LH 与 RCS-9611A 接点在 X 处断开，改接至独立装置。

12.2.1.1　交流电压

RCS-9611A 的保护逻辑不需要母线电压作为判据，所以，交流电压开入仅用于测量功能。

12.2.1.2　交流电流

交流电流均为 U、W 两相开入，其分类在图 12-1 中非常清晰，不再详述。在此主要讨论一下零序电流互感器 TA 的开入。

一般来讲，10kV 线路是不配置零序过流保护的，配置 TA 的目的就是得到零序电流以实现小电流接地选线功能。所谓小电流接地选线，就是在 10kV 线路发生单相接地故障时，根据接地线路会出现零序电流（正常线路零序电流为零）这一特征，判断出接地线路是哪一条。在实际工程中，小电流接地选线功能的实现原理比上文所述复杂的多，使用综合自动化系统软件进行选线存在一定的局限性，所以出现了专门的装置用于实现此功能。在配置独立小电流接地选线装置的变电站中，TA 的二次侧电流经控制电缆接入选线装置，RCS-9611A 的零序电流开入点空置。

12.2.2　RCS-9611A 数字量开入回路

RCS-9611A 的数字量开入也分为保护开入、测控开入，如图 12-3（b）所示。与 RCS-941 的保护开入采用＋24V 电压不同，RCS-9611A 的所有数字量开入全部采用＋220V 电压。测控类数字量开入主要是各种状态触点，一般包括：断路器位置、手车位置、接地开关位置、储能弹簧状态；保护类数字量开入主要是各种保护功能投退，通过改变连接片位置实现。

12.2.3　RCS-9611A 操作箱

RCS-9611A 的操作箱与 RCS-941A 相比简单得多，如图 12-4 所示。

一个最明显的区别就是：RCS-9611A 的箱没有操作闭锁开入回路，即无 KPC、KPT。首先，10kV 真空断路器的工作介质——真空尚无法实现在线监测，一旦发生真空泡破损、真空度下降的情况，断路器在操作中极易发生爆炸事故，这也是真空断路器在运行中存在的一个隐患。由于无法监测工作介质，所以断路器无法提供工作介质异常闭锁的操作触点。其次，10kV 电压等级的断路器目前均为弹簧机构，早期产品为电磁机构，无液压机构产品。弹簧机构的操作动力闭锁是依靠将表示弹簧已储能的动合触点 S1 串联接入合闸回路实现的，所以断路器也没有必要再提供其他额外的操作动力闭锁触点。

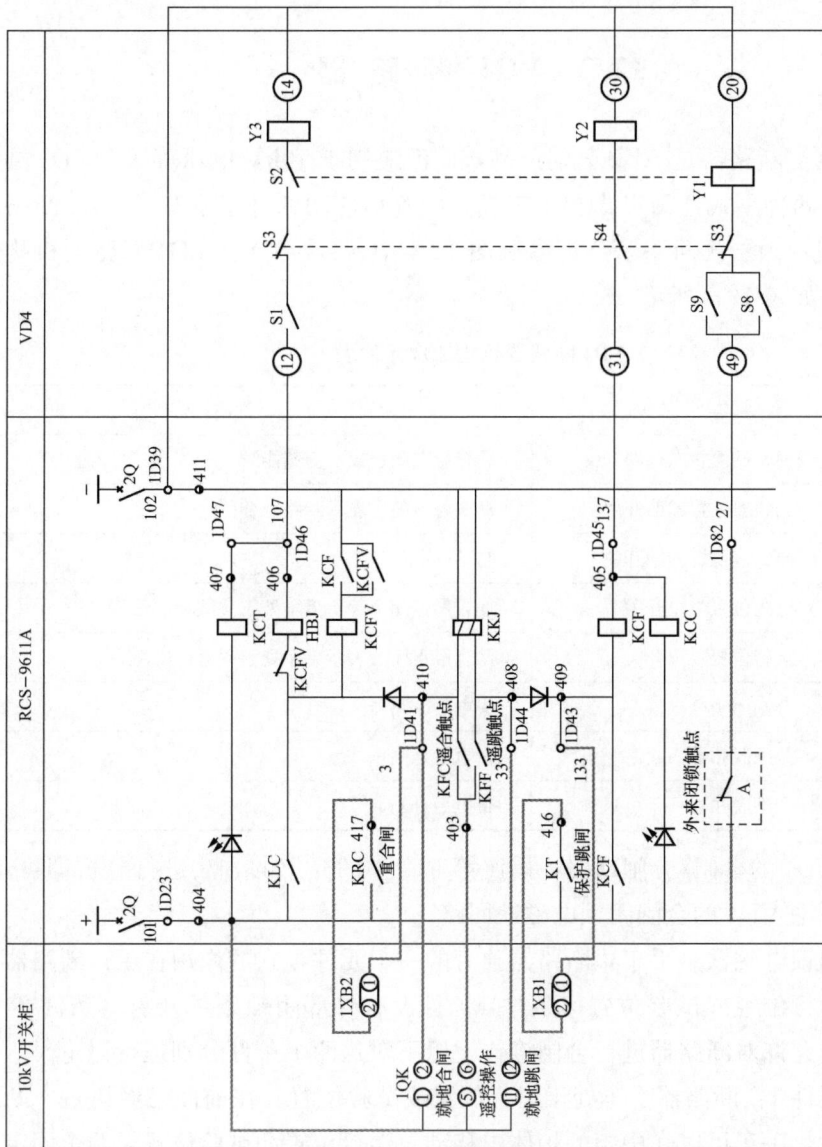

图 12-4 10kV 线路开关柜断路器控制回路图

控制电源　KCT负　合闸线圈　防跳回路　合闸　手跳　保护跳闸　跳闸线圈　合闸闭锁电磁铁

VD4　RCS-9611A　10kV开关柜

—— 绝缘软导线
—— 二次插座内的专用电缆

1QK 是分/合、远方/就地一体化的操作把手，相当于传统 1SA、QK 的组合。1QK 和压板都安装在上柜门上，通过软导线经端子排连接至 RCS-9611A。

图 12-4 实际是 10kV 线路开关柜完整的断路器控制回路原理图，根据各元件的安装位置进行归类。这张图的分析方法可参照上文 8.3 及图 8-8，不再赘述。

12.3　VD4 断路器

VD4 真空断路器是 ABB 公司产品，广泛应用于 10kV 电压等级。VD4 真空断路器有两种型式：固定式和手车式，中置柜使用的都是手车式 VD4 断路器。VD4 机构内二次回路示意可参照图 12-4 中 VD4 单元。VD4 断路器机构二次元件表如表 12-1 所示。

表 12-1　　　　　　　　　VD4 断路器机构二次元件表

符　号	名　　称	备　　注
S1	弹簧储能状态辅助开关	动合触点闭合表示已储能
S3	断器位置辅助开关	动合触点闭合表示断路器合位
S4	断器位置辅助开关	与 S3 同轴
S8	试验位置限位开关	动合触点闭合表示手车处于"试验位置"
S9	运行位置限位开关	动合触点闭合表示手车处于"运行位置"
Y1	合闸闭锁电磁铁	失电后断路器无法合闸
Y2	分闸脱扣器	带电后合闸
Y3	合闸脱扣器	带电后分闸

对于 VD4 的合闸/分闸回路，按照第 6 章中的介绍的方法进行分析即可。以下主要讨论 VD4 的合闸闭锁电磁铁回路。

合闸闭锁电磁铁是手车式断路器独有的一个元件，它的作用在于：断路器手车处于运行位置或试验位置（条件 1）且没有外部闭锁条件开入（条件 2）的情况下，允许对断路器进行合闸操作。以下对这两个条件分别进行讨论。

（1）条件 1：断路器手车处于运行位置或试验位置。在前面已经讲过，断路器跳闸后，手车可以在中柜的柜体内移动。运行位置和试验位置是两个固定的点，在这两个点之间，手车还有一段行程可以自由移动、停留。如果断路器手车停留在这一段行程内，然后进行合闸操作，则很有可能会造成断路器触头与母线接触不良的情况，导致触头过热甚至飞弧。

（2）条件 2：没有外部闭锁条件开入。一般情况下，10kV 线路开关柜内的二次接线是没有图 12-4 中虚线框内的外部闭锁动断触点 A 的，合闸闭锁电磁铁回路直接与正电源接通，如此则仅靠手车位置对断路器的合闸操作进行闭锁。若需要在 A 情况发生时禁止该 10kV 线路断路器合闸，则只需将 A 发生时打开的动断触点接入该断路器的合闸闭锁电磁铁回路，就可以实现预期的闭锁功能。

第 13 章

110kV 数字化变电站

数字化变电站是由智能化一次设备和网络化二次设备组成，建立在 IEC 61850 通信规范基础上，能够实现变电站内智能电气设备间信息共享和互操作的现代化变电站。智能化一次设备主要包括电子式互感器、智能化断路器等，网络化二次设备是指将变电站内的常规二次设备标准化设计制造，在设备之间使用高速网络通信实现数据共享。

本章选用的数字化变电站模型为 110kV 宋城变电站，其主接线为：110kV 终期为单母线分段接线，四回进线，本期建设一回进线；终期建设三台主变，本期一台；10kV 终期为单母线四分段接线，本期建设一段，单母线接线。

主要设备选型：110kV 配电装置选用室内 GIS，电流互感器和电压互感器均选用电子式互感器，断路器、隔离开关等均选用常规设备。10kV 配电装置选用中置式开关柜，互感器选用电流电压组合式电子互感器。变电站数字化保护监控系统选用许继电气有限公司 CBZ－8000B 系列产品。

13.1 智能化一次设备简介

目前，数字化变电站使用的智能化一次设备主要包括智能断路器和光电式互感器。

根据 IEC 62063：1999 对智能开关设备的定义，智能开关不但具有开关设备的基本功能，还应具有在线监视、智能控制、数字化接口和电子操作等一系列高智能功能。由于智能断路器造价昂贵，运行经验不足，目前国内的数字化变电站一般采用"常规断路器＋智能接口单元"的模式实现数字化系统对开关设备的接入，110kV 宋城变电站即采用此方案。

光电互感器是互感器发展史上的一次重要变革，它采用全新的设计理念，从根本上解决了传统互感器运行中存在的诸多问题，是数字化变电站建设的重要基础。光电互感器区别于传统互感器的最明显之处在于，其输出为光信号而不是常规的模拟量电信号。光电互感器分为无源式和有源式两种，无源式光电互感器技术复杂且造价较高，目前尚未进入大规模实用阶段。有源式光电也称为电子式互感器，其技术比较成熟，国内应用较多，110kV 宋城变电站也选用此类设备作为互感器。

电子式电流互感器采用罗氏线圈（Rogowski）构造，其基本原理如图 13-1所示。

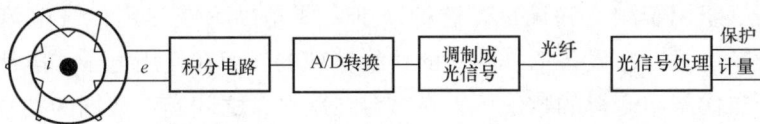

图 13-1　电子式电流互感器

罗氏线圈为缠绕在环状非铁磁性骨架上的空心线圈，其基本原理仍然为法拉第电磁感应原理，即一次电流 i 产生的交变磁场在线圈两端感应出电动势 e。e 与 i 的变化率成正比，如此则可以通过将实测的 e 的数值积分得到 i 的数值，然后进行"模—数"转化并调制成光信号进行传输。图 13-2 中调制单元需要电源，所以称为有源式光电电流互感器，又因为在互感器配置有电子电路，也称为电子式电流互感器（ECT）。ECT 最大的优点是不会出现磁饱和现象，即测得的二次电流和实际的一次电流始终符合理论变比。

电子式电压互感器（EVT）采用电容分压原理，其工作原理与常规电容式电压互感器基本相同，不同之处在于其额定容量在毫瓦级，输出电压在－5～＋5V 之间。EVT 的信号处理与传输模式与 ECT 基本相同。

电子式互感器的优点：ECT 采用的罗氏线圈不含磁饱和元件，具备无磁饱和、响应频率范围宽、精度高、暂态特性好、绝缘结构简单等特点。EVT由于采用串行分压感应原理，解决了可能出现铁磁谐振的问题。由于不再使用传统端子排，也消除了电流互感器二次侧开路或电压互感器二次侧短路的隐患。

13.2　电子式互感器的配置与接线

110kV 电压等级采用 DSU-810 系列电子式电流互感器和电压互感器，均安装在 GIS 内部；10kV 电压等级采用 ECVT800 系列电子式电流电压组合互感器（CVT），安装在 10kV 开关柜内部。电子式电流互感器保护级准确度优于 5TPE（5TPE 优于 10P），计量级精度同时满足 0.1 级和 0.2S 级。

13.2.1 配置原则

电子式电流互感器与常规电流互感器均按间隔配置，但电子式电流互感器的二次绕组较少。以主变压器110kV进线间隔为例，常规电流互感器需配置最少四组二次线圈以满足保护（两组，差动和高后备各一组）、测量（一组）、计量（一组）的要求。而电子式电流互感器只需要配置两组罗氏线圈，一组用于保护，一组用于测量和计量。这种区别主要是因为在使用传统电流互感器时，各项功能是二次设备依靠独立的接线实现的，而在使用电子式电流互感器时，一个二次绕组测得的数值可以在多台二次设备之间实现数据的共享，从而减少了二次绕组的数量。

每段110kV母线配置一台电子式电压互感器，其二次线圈数与常规电压互感器的配置原则是一样的。电压的重动与并列是在光信号传输阶段进行的。

对于10kV电压等级，各个间隔的电流和电压信号基本上不需要在多个间隔层设备之间共享，所以采用低功率输出的电子式互感器与就地安装的间隔层设备（保护测控装置及电度表）相配合，间隔层设备采用数字化接口支持IEC 61850规约。10kV间隔均配置电流电压组合式电子互感器，所以不再配置独立的母线电压互感器。

13.2.2 接线特点

在110kV电压等级，由于ECT/EVT输出的都是光信号，所以在110kV GIS控制柜内端子排上不再设置传统的电流和电压端子，取而代之的是用光缆终端盒将光信号转接至合并器。

在10kV电压等级，EVT输出的小模拟信号经屏蔽电缆直接输出至调理单元，在10kV开关柜内端子排上也不再设置电流和电压端子。

13.3 数字化变电站网络构架与技术方案

110kV宋城变采用基于变电站通信网络与系统协议的IEC 61850标准，所有信息采集、传输、处理、输出过程全部为数字信息，设备之间以数字方式传递及共享信息；按照IEC 61850标准建立信息模型和通信接口，对于不具备该协议的其他智能设备，通过通信管理机转换使其满足IEC 61850标准。

变电站数字化系统采用许继电气公司CBZ—8000B系列产品，按照典型方案构建过程层、间隔层、站控层三层网络体系。站控层主要包括监控主机、远动主站等设备，间隔层设备为各类微机保护测控装置，过程层设备包括光电式

怎样看110kV变电站典型二次回路图

互感器、合并器、智能接口单元等。

　　过程层和间隔层设备之间采用 IEC 61850-9-1/2 标准通信规约，间隔层和站控层采用 IEC 61850-8-1 标准通信规约。站控层与间隔层之间采用以太网通信，各层中各设备之间采用光纤进行连接。间隔层通过过程层总线获得过程层设备 GOOSE 信息以实现过程层设备的控制互锁及互操作功能。

　　站控层与间隔层的通信网络采用双网配置，在站控层、间隔层各配置两台交换机。站控层交换机布置在主控室，站控层设备（监控主站、远动装置等）及 110kV 间隔层设备（110kV 线路保护、主变保护等）通过双以太网线与站控层交换机连接；间隔层交换机布置在 10kV 高压室，10kV 间隔层设备（10kV 线路、电容器保护等）通过双以太网线与间隔层交换机连接。站控层网络结构示意如图 13-2 所示，图中双箭头细实线代表光传输路径，标"♯"细实线代表以太网线。

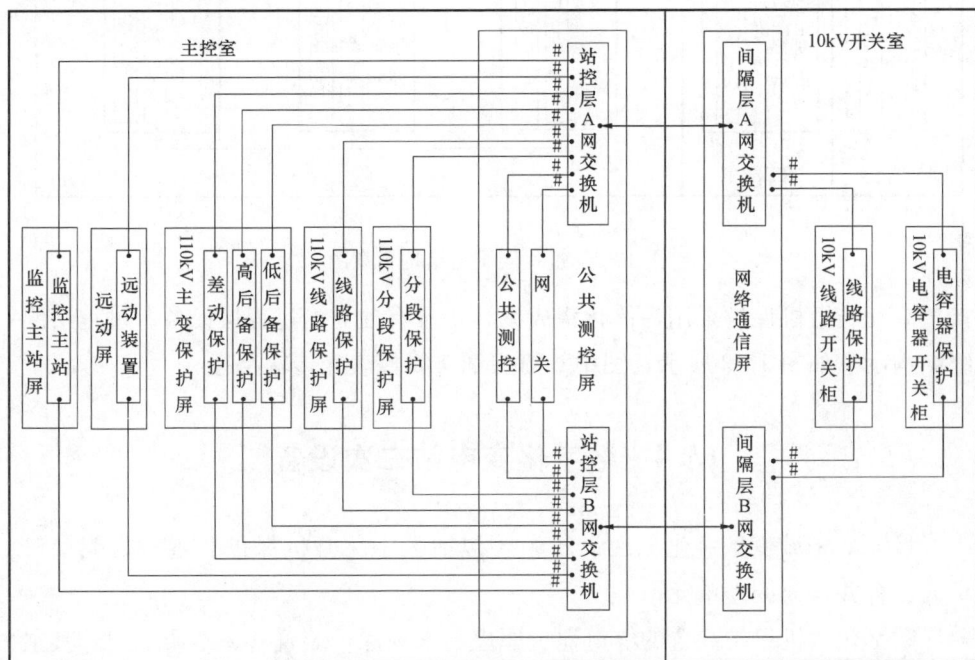

图 13-2　站控层网络结构示意图

　　过程层配置主干网交换机一台。110kV 设备按照间隔独立配置过程层交换机，各间隔合并器、智能接口单元等设备均采用光缆连接至本间隔交换机，各间隔交换机按单网模式通过光缆与主干网交换机连接。10kV 电压等级智能

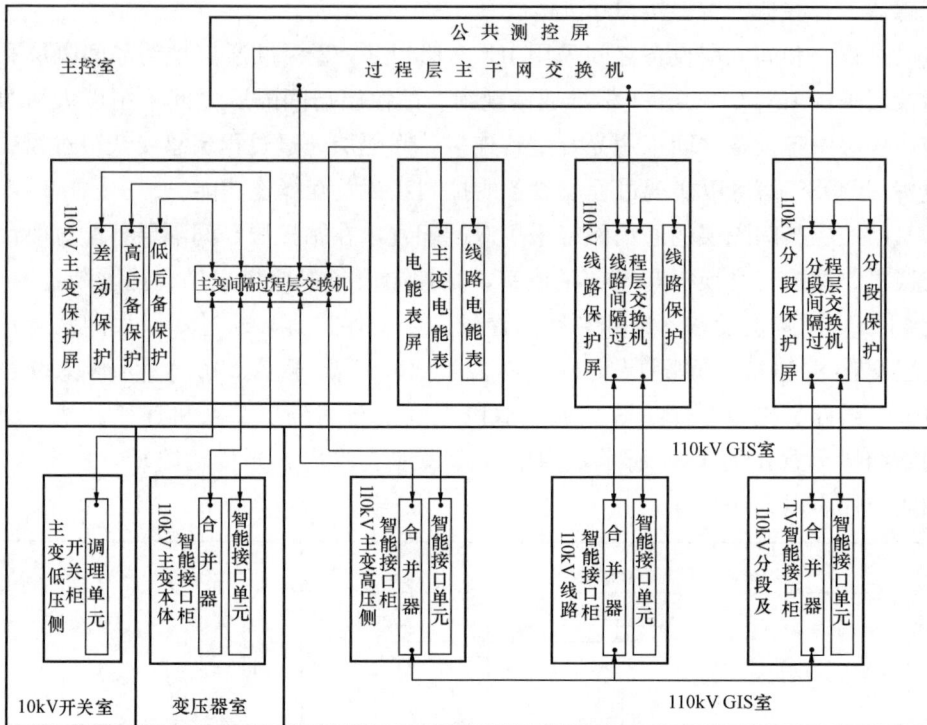

图 13-3 过程层网络结构示意图

接口单元与微机保护采用一体化集成设计，没有独立的过程层设备。过程层网络结构示意如图 13-3 所示，图中双箭头细实线代表光传输路径。

13.4 数字化变电站二次设备

110kV 宋城变数字化二次设备主要包括数字化微机保护装置、智能接口单元、合并器与调理单元。

数字化微机保护装置的继电保护原理与常规保护装置并无本质不同，其主要区别在于数字化微机保护装置支持 IEC 61850 通信规约，配置与过程层智能一次设备/智能接口单元、站控层通信的以太网口；硬件回路全面自检，实现了装置的免维护；独特的"日志系统"和离线的逻辑防震功能，实现了事故分析透明化。

智能接口单元用于实现常规开关设备的"智能化"，其主要作用为对一个间隔内一次设备位置和状态告警信息的采集和监视、对设备的智能控制，并具有防误操作功能。110kV 宋城变采用的智能接口单元有两种，一种是 110kV 断路器智能接口单元 DBU-812，一种是变压器智能接口单元 DTU-811。智能接口单元包含控制回路及数字量采集功能，因为采用常规开关设备，所以智能接口单元至一次设备的接线仍然使用控制电缆，但其输出至光交换机的数据格式符合 IEC 61850 规约，采用光缆与交换机相连。从某种意义上讲，智能接口单元类似于就地安装的微机测控装。10kV 断路器智能接口单元与 10kV 微机保护装置采用一体化设计。

合并器为 110kV 间隔过程层设备，其作用是将电子式互感器输出的光信号进行合并和处理，并按照 IEC 61850-9-2LE 标准转换成以太网数据，再通过光纤输出到过程层网络或其他智能设备。110kV 宋城变按间隔配置合并器，其中主变高压侧间隔 1 台，110kV 线路间隔 1 台，110kV 母联间隔 1 台，110kV Ⅰ 段及 Ⅱ 段电压互感器公用 1 台。

调理单元用于对 10kV 电子式组合互感器输出的小模拟量信号进行积分处理和精度调整，并输出符合 GB/T 20840.7/8-2007 标准的保护信号和计量信号。调理单元可以输出小模拟量信号和光纤数字信号两种模式的信号，宋城变采用小模拟量信号输出模式。原因主要有两点：①小模拟量信号可以直接为 10kV 间隔层设备（微机保护、电能表）运算单元所用，而光纤数字信号则需要再进行一次"光-电"转换才能供间隔层设备使用；②宋城变 10kV 间隔层设备就地安装在开关柜上，与调理单元距离很近，满足小模拟量信号传输电缆的长度要求（不大于 2 m）。如果 10kV 间隔层设备组屏安装在主控室，则调理单元必须选择数字信号输出模式并在主控室配置"光-电"转换设备。

13.5　110kV 线路二次回路光缆接线图分析

数字化变电站 110kV 线路二次回路光缆接线如图 13-4 所示，图中双箭头细实线代表光缆，单箭头细实线代表尾纤，均为光传输路径；标"＊"细实线代表常规控制电缆。

110kV 线路间隔断路器和隔离开关与本间隔智能接口单元的接线、110kV 电压互感器间隔隔离开关本间隔智能接口单元的接线均采用常规控制电缆。由此可知：针对断路器和隔离开关的控制信号、开关量信号的采集都是通过控制电缆实现的，其根本原因在于本站选用的是常规开关设备。

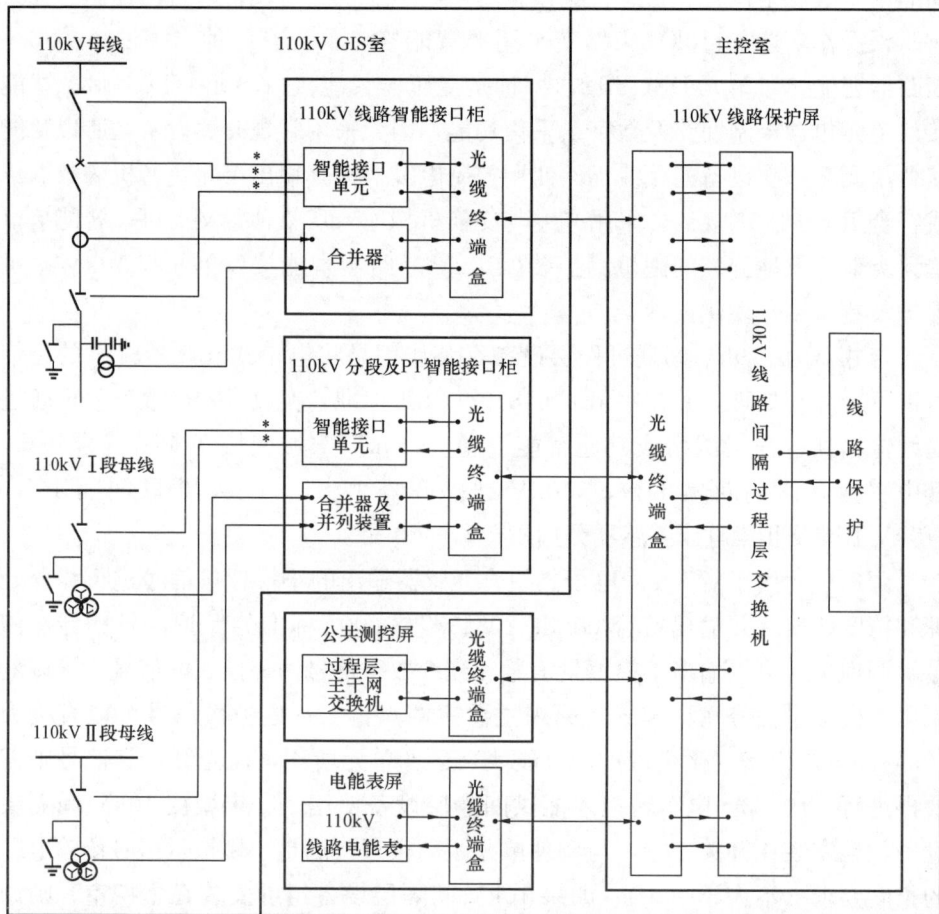

图 13-4　数字化变电站 110kV 线路二次回路光缆接线

　　110kV 线路间隔 TA 和 TV 与本间隔合并器的接线、110kV 电压互感器间隔 TV 与本间隔合并器的接线均采用尾纤，即光传输方式。合并器、智能接口单元、电能表和微机保护均通过交换机采用光传输方式进行数据的传输和通信；合并器将电流值和电压值传输至微机保护、电能表及监控主站，相当于常规综自变电站的"模拟量开入"；智能接口单元通过控制电缆采集开关设备的状态量、信号量，与常规综自变电站的"开关量开入"是相同的，但其上传这些量至监控主站则是采用光传输方式；智能接口单元从微机保护、监控主站获取针对开关设备的操作指令，是通过光传输方式进行的。光缆终端盒仅起到转接作用，与端子排的工作原理类似。

13.6　对传统理念的影响

数字化变电站作为一种全新的变电站建设模式，对许多传统观念产生了很大的冲击。

13.6.1 传统意义上的"模拟量"消失了

在采用电子式互感器以后，电流、电压被采集后以光信号的形式进行传输，在微机型二次设备中在被转换成电信号进入运算单元。这种传输方式采用的是一种辐射式网络构架，传统的"电流串联"、"电压并联"的概念消失了。电流和电压以数值的形式通过自动化网络被各个设备共享，而不需要像常规变电站使用控制电缆将各个设备连接起来。

13.6.2　取消了备自投装置和联跳回路并简化了控制回路

数字化变电站的过程层网络实现了互联互操作，各种操作命令与闭锁命令等信息以 IEC 61850 标准格式传送，实现设备间的联跳、备自投等功能。数字化变电站取消了传统保护屏上的保护硬压板及操作回路中的操作把手、切换把手等控制回路附件。

13.6.3　取消了独立的"微机五防"系统

数字化变电站基于间隔层的测控装置，利用本间隔操作的逻辑闭锁功能以及间隔间的数字化状态信息交互，可以根据运行要求，在间隔层通过运行实时状态分析及逻辑判断，开放或闭锁间隔层设备的操作。

13.7　对二次回路和图纸的影响

从电气回路角度分析，由于 IEC 61850 规约的支持，采用光纤网络交换大量数据，数字化变电站的二次回路较之以前发生了很大的变化。整个变电站的二次功能，更加倾向于网络化，而不再是传统的回路化。

从二次专业图纸方面来看，图纸量大幅减少，图纸内容变化很大。在传统的二次图纸中，各种功能的实现方式通过二次电气回路表现得非常清楚，而在数字化变电站的二次图纸中，则很难简单地通过图纸来判断其功能逻辑；端子排图的接线大大简化，由于大量使用光缆接线，而增加了光缆接线图。